KRUPP
8
62
BETONLIEFERUNGS-
GESELLSCHAFT

Verlag Podszun Motorbücher GmbH
Elisabethstrasse 23–25, D-59929 Brilon
Herstellung Druckhaus Cramer, Greven
ISBN 3-86133-334-1

Jahrbuch 2004 Lastwagen

Bernd Regenberg

PODSZUN

Liebe Leserin, lieber Leser!

Bunt und vielfältig und immer wieder interessant ist die Welt der Nutzfahrzeuge und ebenso vielfältig ist die Palette der Themen, die wir in dieser sechsten Ausgabe des Jahrbuchs Lastwagen aufgreifen. Wieder ist es gelungen, eine Vielzahl bislang nicht veröffentlichter Fotos auszugraben und Ihnen zugänglich zu machen.

Trotz europaweiter Normierungs- und Standardisierungsmanie unterscheiden sich die Lastwagen der einzelnen europäischen Staaten immer noch. Vor einigen Jahrzehnten allerdings waren die gesetzlichen Vorschriften noch so unterschiedlich, dass jedes Land seine eigenen charakteristischen Nutzfahrzeuge besaß. Besonders eigenständig war immer die Schweiz, die durch die besondere Topographie des Landes mit engen und steilen Bergstraßen ganz besondere technische Lösungen hervorbrachte. Gab schon allein die sogenannte Schweizer Breite von 2,30 m den Serienfahrzeugen ein anderes „Gesicht", so waren bei Sonderfahrzeugen die Wünsche der Schweizer Unternehmer noch weitergehend. So zeigen die Fotos in dem ersten Artikel unseres Jahrbuches, der sich mit dem Carrosseriebau Krapf beschäftigt, Fahrzeuge mit typisch Schweizer Eigenheiten, auch wenn die Aufbauten teilweise sogar ursprünglich bei Eylert in Wuppertal gefertigt wurden. Auch die einst so bedeutende und kreative Schweizer Nutzfahrzeugindustrie mit Marken wie Saurer, Berna und FBW lebt in den Bildern wieder auf.

Dass Ruß, den wir eigentlich nur als lästiges und schmutziges Abfallprodukt der Verbrennung kennen, ein wertvolles Transportgut sein kann, das über weite Strecken hin quer durch Europa befördert wird, darüber informiert uns der zweite Artikel, der von Michael Folkers, einem unserer Leser zusammengestellt und durch eindrucksvolle Fotos illustriert wurde.

Mit der Öffnung Europas nach Osten hin kommen auch die Lastwagen der östlichen Nachbarn noch häufiger auf unsere Straßen. Polnische, tschechische, russische und ungarische Speditionsnamen und Transportunternehmen aus den Staaten des Balkans gehören zum täglichen Bild auf den Autobahnen. Unser Leser Thorsten Ötting hat die geschichtliche Entwicklung der Staatspedition PEKAES aufgerollt und gewährt einen Einblick in die Struktur des polnischen Transportgewerbes. Ergänzend dazu finden Sie ein kurze Darstellung der geschichtlichen Entwicklung des polnischen Nutzfahrzeugbaus, denn es gab und gibt eigenständige Lastwagenmodelle aus der Produktion unseres östlichen Nachbarlandes, auch wenn dies in Westeuropa lange Zeit weitgehend unbekannt war und kaum etwas darüber publiziert wurde.

Der bereits durch andere Artikel im Jahrbuch Lastwagen bekannte Autor Kai Agthe führt uns ein in die Geschichte der Stadtreinigung Leipzig, angefangen zu Beginn des letzten Jahrhunderts bis hin in die heutigen Tage. Viele Fahrzeuge aus der Vorkriegszeit haben bis in die DDR-Ära überlebt und wurden auch fotografisch dokumentiert. Trotz des Zwanges zur Beschaffung von heimischem Material haben sich auch einige westdeutsche Fahrzeuge in den Fuhrpark der Stadtreinigung Leipzig verirrt. Und auch nach der Wende ist die Stadt sehr individuell bei der Wahl ihrer Fahrzeuge und beschafft eine ganze Flotte von österreichischen Steyr.

Unser Leser Joachim Hennig stellte aus Tausenden von Bildern, die er selbst im Laufe der Zeit aufgenommen hat, eine Fotodokumentation zusammen über die Fahrzeuge, die die mörderische Strecke Teheran – Hamburg im ständigen Linieneinsatz zurücklegen, Fahrzeuge, die aufgrund der Einsatzbedingung etwas anders aussehen als der alltägliche deutsche Fernverkehrswagen.

Unser letzter Artikel porträtiert eine Firma, die zu den Pionieren des Transportbetonmischerbaus zählt. Wir berichten über die Entwicklung des schwäbischen Unternehmens Stetter und dessen technischen Ideen. Die Vielfalt der verwendeten und fotografisch dargestellten Fahrgestelle gibt einen Eindruck von der europa- und weltweiten Tätigkeit des Spezialfahrzeugherstellers.

Zum Schluss wieder die obligatorische Bitte: Schauen Sie doch einmal in Ihre persönlichen Archive und Fotoalben. Gibt es dort nicht noch Schätze, die der Entdeckung harren? Oder haben Sie oder Ihre Elterngeneration noch Erinnerungen an Ereignisse, die mit Nutzfahrzeugen zu tun haben? Es wäre doch schade, wenn diese in Vergessenheit geraten sollten. Zur Geschichtsschreibung gehören auch die kleinen Anekdoten des Alltags, und mit den Tücken des Alltags hatte wohl jeder Fahrer oder Unternehmer, gleich ob im Fern- oder im Nahverkehr, ständig zu kämpfen.

Ihre Redaktion „Jahrbuch Lastwagen"

Bernd Regenberg, Schlingenkamp 1, 45721 Haltern, Telefon 0 23 64/6 82 38

Leserbrief zum Thema Schwertransporte bei der Deutschen Reichsbahn

Zum Artikel „Schwertransporte bei der Deutschen Reichsbahn" im Jahrbuch Lastwagen 2003 erreichten uns eine Reihe von Reaktionen, die zu den aufgeworfenen Fragen Stellung bezogen. Veröffentlichen möchten wir den Brief von Michael Jach aus Berlin:

Sehr geehrter Herr Regenberg,
da haben Sie wieder einmal einen Schatz gehoben! Mit ein paar Hinweisen kann ich vielleicht beim „Sortieren" helfen. Allgemein zur Geschichte der frühen Reichsbahn-Straßenschwertransporte, speziell auch zu einigen der in Ihrem Text erwähnten Einsätze, enthält das „Lok-Magazin" 5/96 ergänzende Informationen.

Im einzelnen zu

– Binnenschiff-Autobahntransporten:

Das Foto Seite 132 oben zeigt das vierfache Kaelble-Gespann unter dem Eisenbahnviadukt bei Chemnitz-Borna über die Autobahn Dresden-Gera-Eisenach. Auch die beiden folgenden Fotos dürften diese Strecke zeigen. Auf dem Bild Seite 134 unten glaube ich das alte Hermsdorfer Autobahnkreuz zu erkennen, südöstliche Verbindungskurve zur (im Rücken des Fotografen) unterführten Strecke Berlin-Leipzig-Nürnberg. Hier schwenkten die Kolosse südwärts ein, um bei Ingolstadt die Donau zu erreichen.

Wie Alfred Gottwaldt berichtet, nahmen diese Transporte nicht den gesamten Landweg bis ans Schwarze Meer. Seit Mai 1940 seien die Tankschiffe, gebaut auf der Werft Dresden-Uebigau (im „Reichsluftschutzkeller"), nach Ingolstadt überführt worden, „um größere Mengen rumänischen Mineralöls auf dem Fluss befördern zu können. Mehr als 420 Transporte dieser Art wurden unternommen." (Gottwaldt: „Julius Dorpmüller, die Reichsbahn und die Autobahn", Argon Verlag Berlin 1995, Seite 93/95)

– Defektes Kriegsgerät:

Das Foto auf Seite 134 oben zeigt offensichtlich sowjetische Beutepanzer. Hinter dem Kaelble ein überschwerer „KW2", dahinter ein „T34".

– Nachkriegsverbleib der Kaelble Z 6 R 3A

Ihr Bericht lässt Verlust in Rumänien vermuten. In der Kaelble-Typologie von Wahl/Luig heißt es dagegen, der „Jumbo" sei „im Fahrzeugbestand der Reichsbahn in der britisch besetzten Zone wieder aufgetaucht". Irren die Autoren?
Zur Stationierungs- und Einsatzgeschichte der Culemeyer-Züge bei der DB fehlt meines Wissens jede systematische Dokumentation. Wohl eine Folge der unter den zahllosen Eisenbahn-Freizeitforschern verbreiteten Ignoranz gegenüber dem Straßentransportzweig der Bahn (Lastkraftwagen gelten als Teufelszeug!). Vielleicht finden Sie für Ihr erstklassiges Jahrbuch einen kompetenten Autor ohne Schiene/ Straße-Scheuklappen und mit dem nötigen Zugang zu bahnamtlichen Archiven, der die Lücke eines Tages schließt.
Mit Dank für die Freude, die Ihre Bücher mir machen, und freundlichem Gruß

Ihr Leser Michael Jach

Da von mehreren Seiten der Wunsch nach weiteren Fotos zu den Schwertransporteinsätzen der Deutschen Reichsbahn an uns herangetragen wurde, finden Sie hier noch drei weitere Abbildungen, die bislang im Jahrbuch nicht veröffentlicht wurden. Es handelt sich um Reichsbahn-Fotos, die uns Herr Isele zur Verfügung stellte.

Carrosseriebau auf Schweizer Art – Krapf aus Amriswil

Opel 10/40 PS 1,75 t-Lieferwagen von 1930

Umgeben von Obsthainen, Wiesen und Feldern liegt – nicht weit entfernt vom Bodensee – im Kanton Thurgau auf der Schweizer Seite des Sees das beschauliche Örtchen Amriswil. Direkter Nachbarort ist die Stadt Arbon, die Geburtsstätte der legendären Saurer-Lastwagen, die mit dem charakteristischen Treppengiebel im Markenzeichen die Schweizer Nutzfahrzeuglandschaft prägten, bis die Übernahme durch die Daimler-Benz-Tochter NAW das Ende der traditionsreichen Fertigung besiegelte. Hier in Amriswil richtet im Jahre 1856 August Krapf auf dem Gelände der Dachdeckerei Weber an der Arbonerstraße eine Wagnerei ein. Hergestellt werden landwirtschaftliche Geräte, Bruggen- und Federwagen und Kutschen in Form von Chaisen und Breaks. Für den Winter werden Schlitten gefertigt.

Auch Sohn Alfred absolviert seine Lehrzeit im väterlichen Betrieb. Wie üblich begibt er sich anschließend auf die „Wanderschaft" und kehrt mit vielen neuen Eindrücken und Erkenntnisse heim nach Amriswil. Als er 1919 die Wagnerei übernimmt, setzt er seine zukunftsweisenden Ideen in die Tat um. Nach seiner Ansicht verkörpert jetzt das Automobil die Zukunft und so baut Krapf hölzerne Aufbauten für die Motorwagen. Kabinen und Ladebrücken setzt er auf angelieferte Lastwagen-Fahrgestelle.

Der Betrieb blüht in der Zeit nach dem Ersten Weltkrieg, an dem die Schweiz als neutraler Staat nicht aktiv teilnimmt, und platzt allmählich aus allen Nähten. So entscheidet sich Alfred Krapf im Jahre 1929, auf eigenem Grund an der Rütistraße 5 in Amriswil eine neue geräumige Werkstätte mit Wohnhaus zu bauen. Inzwischen haben auch seine Söhne Ernst und Hans ihre Lehre im Betrieb absolviert und treten als Fachkräfte in den väterlichen Carrosseriebau – so lautet die Schweizer Schreibweise – ein. Der Firmenname wird geändert in „Alf. Krapf und Söhne Carrosseriebau Amriswil". Vielfältige Aufbauten entstehen in Amriswil, neben profanen Lastwagen auch schmucke Luxusomnibusse und Ka-

Eines der ersten Spezialfahrzeuge von Krapf, ein Dreiachser mit Schleppachse aus den zwanziger Jahren

Ford Modell A von etwa 1928

rosserien für Personenwagenfahrgestelle. Handwerker aller Fachrichtungen sind bei Krapf tätig und so wirbt die Firma mit Leistungen im Bereich von Wagnerei, Spenglerei, Schlosserei, Sattlerei und Malerei.

1952 übernehmen Hans und Ernst Krapf die Firma voll und wählen die neue Bezeichnung „Gebr. Krapf". Zwischen 10 und 12 Personen, davon drei Lehrlinge bewältigen zu dieser Zeit die Arbeit in dem Betrieb in der Rütistraße. Vor allem die Herstellung, Umänderung und Modernisierung von Reisebussen, Postkurswagen und Stadtomnibussen nimmt einen immer größeren Umfang an. Noch lange haben Schnauzenbusse auf Schweizer Bergstrecken im wahrsten Sinne „die Nase vorn". Erst viel später als in Deutschland setzen sich die Frontlenker und die Heckmotorkonstruktionen durch. Die abgerundeten formschönen Aufbauten werden jeweils individuell im Maßstab 1:1 gezeichnet – mit entsprechendem Bleistiftverbrauch! Dann wird direkt in der Werkstatt das warme Biegeeisen auf die Zeichnungen gehalten, um die Form der Gerippestruktur abzugreifen.

1956 ist die Werkstatt schon wieder zu klein ge-

Chevrolet Baujahr 1940 für die Weberei Flawil in St. Margarethen

Bedford der Baureihe O mit speziellem Fahrerhaus aus der direkten Nachkriegszeit für die Teigwarenfabrik Amriswil

Für die Feuerwehr Weinfelden fertigte Krapf ein Löschfahrzeug auf der Basis eines Packard Personenwagenfahrgestells aus den zwanziger Jahren.

Kipper auf einem Peugeot 402 aus den dreißiger Jahren

Lieferwagen auf Opel Blitz 1,5 t

Lieferwagen der Teigwarenfabrik Romanshorn auf Bedford Baureihe M

worden für das vielfältige Produktionsprogramm. So wird auf gleichem Grundstück eine große Halle erbaut und eine eigene Lackierabteilung angegliedert.

Zum Ende der sechziger Jahre reift bei den Gebrüdern Krapf die Erkenntnis, dass Überleben im härter werdenden Konkurrenzkampf nur dann gewährleistet sein kann, wenn man dem Kunden ein möglichst umfangreiches Programm bei gleichzeitig at-

Blick in die Werkshalle in den fünfziger Jahren

Voll verglaster Aussichtswagen mit Schiebedach auf Saurer-Fahrgestell

traktiven Preisen bieten kann. Dies ist aber bei der bestehenden Firmengröße kaum möglich. Im Gegensatz zu Deutschland, wo relativ große Firmen weitgehend standardisierte Anhänger- und Aufbautenmodellen in Serienfertigung anbieten, existiert in der Schweiz eine große Menge von Karosseriebaufirmen, die jeweils kleine Stückzahlen für den begrenzten heimischen Markt fertigen. So schauen die Krapf-Brüder über die nahe Grenze und gehen auf die Suche nach einem Kooperationspartner. Dieser findet sich 1960 in der Wuppertaler Firma Eylert. Sattelauflieger und Anhänger sowie spezielle Karosserien werden aus der nordrheinwestfälischen Stadt komplett bezogen. Da die

Chevrolet Modelljahr 1947

Kastenwagen für die Weberei Sirnach auf International KB-Baureihe von 1947

Schweizer Kunden aber besondere Wünsche in Bezug auf Maße, Gewichte und Ausrüstung haben, ist dennoch fast jedes Modell ein Unikat, das von den Wuppertaler Konstrukteuren nach den Angaben von Krapf entworfen, im Wuppertaler Werk komplett produziert und selbst mit der gewünschten Lackierung und Beschriftung direkt ab Werk versehen wird. So verlassen „typisch schweizerisch" aussehende Fahrzeuge die Hallen in Wuppertal. Für die Koffer- und Kastenwagen wird die Eylert-typische Leichtmetallbauweise zum Charakteristikum des Krapf-Angebotes. Wird eine Luftfederung gewünscht, dann kommt diese ebenfalls aus Wuppertal, vom Spezialisten Clerck aus dem Ort-

11,2 m langer Eylert-Krapf-Sattelauflieger mit 12 t-Achse und abgeeckter Vorderwand auf Henschel HS 120 TS Zugmaschine

Krapf verlängerte den serienmäßigen Ford FK 1000 hinter der Hinterachse, um eine weitere Sitzreihe unterzubringen. Ebenfalls von Krapf stammen die Dachverglasung und die zusätzliche dritte Seitenscheibe im Passagierabteil.

steil Cronenberg. Ein Kooperationsprodukt sind die Eylert-Sattelauflieger mit Krapf-Aufbau, die mit speziellem Markenzeichen ausgeliefert werden, eine Zusammenführung des Krapf-Schriftzuges mit dem Eylert-Oval. Wahlweise werden die Auflieger angeboten mit starrer Achse, einfacher lenkbarer Achse mit Stangenvorrichtung vom Zugwagen aus oder mit der patentierten Eylert-Lenkung, die – gesteuert von der Sattelkupplung – einen Einschlag bis zu 40° ermöglicht. Auch starre oder lenkbare Doppelachsgeräte sind lieferbar.

Die Zusammenarbeit mit Eylert floriert bis zu dem Zeitpunkt, als die Wuppertaler in den Konkurs gezwungen werden. Plötzlich steht Krapf ohne ein volles Sortiment da und muss sich auf die Suche nach einem neuen Lieferanten machen. Diesen findet man

10 m langer Eylert-Auflieger fü Mosimann Transporte mit Krupp SF 801 Zugmaschine

Saurer Frontlenker der C-Baureihe als Möbelwagen mit Einachs-Anhänger

Möbelwagen auf OM Leoncino mit Dieselmotor nach Saurer-Lizenz

Außergewöhnlich und selten sind Kastenwagenaufbauten auf Krupp-Fahrgestellen

stellt. Doch dies verläuft nicht zur vollen Zufriedenheit der qualitätsgewohnten Schweizer. Es wird berichtet, dass schon auf der Überführungsfahrt von Köln an den Bodensee die Türen aus den MIGÖ-Aufbauten fielen.

Gezwungenermaßen beschränkt man sich bei Krapf zum Ende der sechziger Jahre auf die eigenen Stärken und reduziert die Angebotspalette auf das, was aus der eigenen Werkstatt kommt. Die Busproduktion hatte man bereits zu Beginn des Jahrzehnts eingestellt, um Platz zu schaffen für die Herstellung von Aufbauten in Ganz-Aluminium-Struktur. Mit Aluminium-Ladebrücken- und Aufbauten erwirbt sich Krapf einen hervorragenden Ruf, der die Amriswiler zur Nummer Eins der Leichtbau-Produzenten in der Schweiz werden lässt. Besonders Leichtmetall-

wieder in Deutschland mit der Firma Staufen. Von dort kommen vor allem Möbel- und Kühlaufbauen. Diese Verbindung hält jedoch nicht lange, zumal da die finanzielle Lage bei den Deutschen auch nicht voll geklärt ist. Einen weiteren deutschen Partner besitzt Krapf mit der Vertretung der Kölner Aufbaufirma MIGÖ, die vor allem Koffer- und Verkaufswagen her-

Krapf Möbelwagen auf Volvo Busfahrgestell

Brauereiwagen auf Saurer Diesel der Baureihe C

Molkereiwagen auf OM Fahrgestell

Saurer C Frontlenker

Eylert-Krapf-Auflieger auf Mercedes LPS 334

Kippbrücken auf Chassis bis 3,5 t Gesamtgewicht wie z.B. Ford Transit werden zu einer Spezialität von Krapf. Da die Fahrgestelle keine Druckluftanlagen besitzen, werden die Brücken hand- oder elektrohydraulisch gekippt.

Die Aluminium-Konstruktionen finden reißenden Absatz und werden auch schon exportiert. So entschließen sich die Gebrüder Ernst und Hans Krapf zu einem fabrikatorischen Befreiungsschlag. An der Grenze von Amriswil, an der Ausfallstraße nach Arbon erwirbt man 1970 ein großzügiges Gelände und bebaut es mit einer modernen Produktionshalle mit angeschlossenem Bürotrakt. Endlich kann man modernste Methoden anwenden, ohne überall an räumliche Grenzen zu stoßen.

Bei Einzug in den Neubau arbeiten 45 Personen bei Krapf. Das Programm umfasst Ladebrücken, Möbelwagen und Anhänger, alle aus Ganzaluminium, Sattelauflieger aller Art, Kombisilofahrzeuge, Spezialfahrzeuge und Fahrerhausänderungen, sowie Serviceleistungen im Bereich Reparatur, Bremsendienst und Elektroanlagen. Auch die Firmenstruktur ändert sich mit dem Einzug in die Arbonerstr. 100. Sie wird fortan als Aktiengesellschaft geführt, immer noch unter Führung der beiden Krapf-Brüder. Erst 1988 erfolgt eine Trennung der Gebrüder und Ernst Krapf wird alleiniger Aktionär und Besitzer. Heute liegt die Geschäftsführung in den Händen von seinen beiden Söhnen Rolf und Ueli.

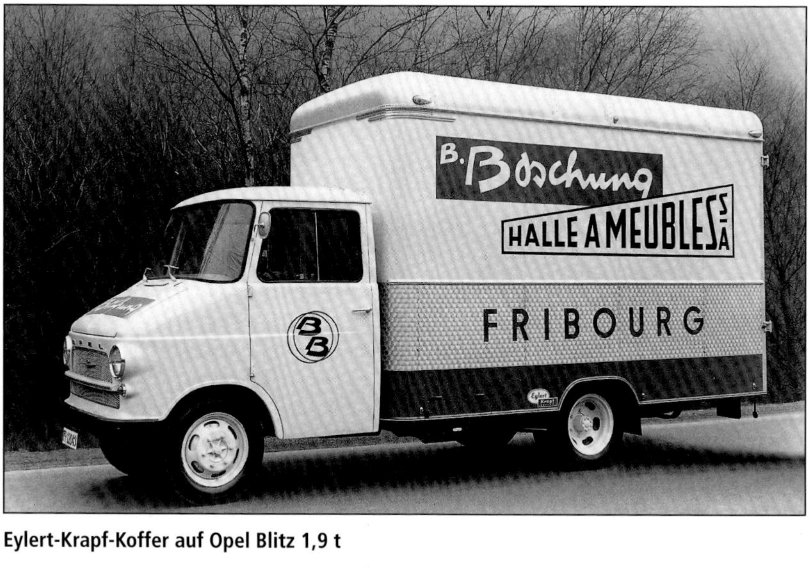

Eylert-Krapf-Koffer auf Opel Blitz 1,9 t

MAN 770 mit Eylert Kofferauflieger

Eylert Kofferauflieger auf Mercedes LPS

Mercedes LP 1418 mit Eylert-Krapf-Koffer

Eine Spezialität von Krapf sind schon seit den sechziger Jahren die sogenannten Kombi-Silofahrzeuge. Diese äußerlich wie niedrige Kofferaufbauten aussehenden Karosserien transportieren in einzelnen Abteilen Futtermittel direkt zu den Silos der Landwirte oder Schweinemäster. Der kippbare Aluminiumaufbau fördert mit Zellenradschleuse und Palettenschnecke das Futtermittel zum heckseitig installierten Gebläse, das die Ladung direkt in das Silo des Bauern hineindrückt. Anfangs werden die Kombi-Fahrzeuge oben offen angeboten. Schutz bot nur eine Plane. Heute sind es geschlossene Aufbauten mit festem Dach und mit einzelnen Einfüllöffnungen, um verschiedene Futtersorten in einer Fuhre zu transportieren.

Langeisentransportfahrzeuge sind ebenfalls eine Besonderheit aus dem Hause Krapf. Da das Ladegut schon ein hohes Eigengewicht mitbringt, muss der Aufbau möglichst gewichtssparend ausgeführt sein aus legierten Alu-Profilen oder in Leichtstahl-Bauweise. Die serienmäßigen Kabinen werden im Krapf-Werk verschmälert, so dass

Henschel HS 120 Allrad-Sattelzugmaschinen mit Dreiseiten-Kipp-Aufliegern

Scania-Vabis 75 mit Eylert Kipp-Auflieger für die Schweiz

Eylert Kipp-Auflieger mit MAN MK 25 Allrad-Zugmaschine für den Schweizer Straßenbau

Fiat Zugmaschine mit Eylert-Krapf Kühlauflieger

MAN Allrad-Zugmaschine
mit Eylert Einachs-Auflieger

Eylert-Krapf Auflieger auf
Mercedes LPS 334

Langmaterial-Brückenzug mit Scania LB 75 Sattelzugmaschine

Eylert Hubwagen mit Unimog-Triebkopf werden von Krapf in der Schweiz verkauft.

Henschel HS 16 TL

Fiat 625 N mit Möbelwagenaufbau von Krapf

auf einer Seite eine etwa 60 cm breite Durchlademöglichkeit bis hin zur Fahrzeugfront entsteht.

Zu Beginn der siebziger Jahre wird die Angebotspalette erweitert um Container und Wechselladebrücken mit pneumatischem Wechselsystem nach einer Lizenz der deutschen Firma Graaff.

Ein lohnender Auftrag für Krapf kommt von der Schweizer Armee: die Amriswiler werden Generalunternehmer für die Lieferung von Ladepritschen für die Saurer 4x4- und 6x6-Geländefahrzeuge. Weitere Armeelieferungen umfassen 900 Eintonner-Anhänger sowie Notstromaggregat- und Desinfektions-Anhänger. An den Zivilschutz werden 2300 Anhängereinheiten geliefert.

Heutiger Schwerpunkt sind Kipper in Voll - Aluminium - Bauweise, hauptsächlich für den Schweizer Markt. In Deutschland hat man mit einem Standauftritt auf der IAA 2002 eine Verkaufsoffensive gestartet, da man hier mit Alu-Kippern auf der Basis von Transporter-Fahrgestellen fast konkurrenzlos ist. Die eigenentwickelten Aluminiumprofile lassen eine flexible Gestaltung von Aufbaukonzeptionen zu. Weiterhin fertigt Krapf noch die typischen Kombi-Silofahrzeuge sowie Kühl- und Frischdienstaufbauten, wahlweise in Aluminium- oder Kunststoff-

Saurer 5 DF mit Leichtmetallaufbau

Chromstahl-Tanksattelauflieger mit lenkbarer Doppelachse für Speiseöltransporte mit Mercedes LPS 334 Motorwagen

Austin FG mit Eylert-Krapf-Kofferaufbau

Sattelschlepperbus für die Gäste des Kur- und Verkehrsvereins Bad Ragaz mit Bedford TK Zugmaschine

Eylert-Krapf-Möbelwagen auf Fiat Bus-Fahrgestell

Berna Möbelwagen mit separater Doppelkabine

Möbelwagenaufbau auf Saurer 5 DF

Hinterkippmulde mit Frontpresse auf Scania Dreiachser

Eylert-Krapf Möbelwagen von etwa 1970 auf Mercedes LP der kubischen Generation

Krapf Leichtmetallkipper auf Berna 5 VF

Konstruktion, sowie Sattelauflieger. Für die neuartigen Kofferaufbauten aus Wabenkernpaneelen hat sich Krapf die Bezeichnung „lightech" schützen lassen und für die leichten isolierten Kühlkoffer, die gegenüber anderen Produkten ca. 150 kg mehr Nutzlast erlauben, den Namen „lightherm". Beliefert werden heute zu 70% Kunden in der deutschsprachigen Schweiz. Der Rest geht in den übrigen Teil des Alpenlandes, teilweise auch nach Deutschland und

Handhydraulisch betätigte Leichtmetall-Kippbrücke auf Ford Transit von etwa 1970

Großraumkastenwagen auf Mercedes L 319

Österreich. Die Produktion der Aufbauten ist in Amriswil konzentriert, die Fertigung einzelner Komponenten ist teilweise nach Tschechien ausgelagert.

Ich danke den Herren Ueli und Rolf Krapf, die mich mit vielfältigen Informationen zur Firmengeschichte unterstützten und die das gesamte verwendete Bildmaterial aus dem Firmenarchiv zur Verfügung stellten.

Kofferaufbauten auf Mercedes L 319

Steyr 590 mit Einachs-Sattelauflieger für eine Schweizer Regierungsbehörde

Wendiger Sattelauflieger mit OM Cerbiatto Zugmaschine

Krapf Möbelwagen auf Mercedes LP 1619

Krapf Isolierkoffer auf Magirus 256 D 19 F

Kofferaufbau auf Saurer D 230

Fiat 625 N mit Einachs-Sattel-Koffer

Leichter Koffer-Auflieger auf Opel Blitz 2 t

Saurer-OM 40 mit leichtem Auflieger

Eine „typisch schweizerische" Kombination: Einachsauflieger mit MAN 8.160 Haubenwagen

Krapf Möbelwagen auf DAF Fahrgestell

Großauftrag für Saudi-Arabien: Saurer 5 DF 6x4 mit Kippmulde von Krapf

Kombi-Futtermittelsilowagen von 1968 auf Saurer 5 DF

Kombi-Silowagen auf Saurer 5 DF

Futtermittelsilo auf FBW-Fahrgestell

„Losetransportfahrzeug" auf der Basis eines britischen Ford der D-Reihe mit CustomCab, gut zu sehen der hintere Anschluss der Fördereinrichtung

Futtermittelsilo ohne verbergende Plane auf MAN 8.160

Silowagen auf Scania LB 110 Super im gekippten Zustand

Kombi-Silowagen mit Schnecke am Heck auf Volvo F 88

Kippbarer Futtermittel-Silowagen auf Hanomag-Henschel F 191 Allrad

Futtermittel-Silowagen mit Abdeckplane auf Magirus 186 D 12

Losefutterwagen mit Gebläse in Fahrzeugmitte auf Mercedes 1519

Futtermittel-Lastzug mit Volvo F 89

Futtermittel-Silowagen auf Volvo F 86

Scania LB 75 Frontlenker als Futtermittel-Losetransportwagen

Bei Anhängern wird das Aggregat für das Gebläse auf der Deichsel montiert.

Kombi-Silofahrzeug auf Saurer 5 DF 8x4

Tanksilowagen auf Berna 2 VF

Modernes Kombi-Silofahrzeug auf Steyr 26 S 32 mit lenkbarer Vorlaufachse

Langeisenwagen auf Saurer 5 D

Langeisenwagen mit Halbkabine und am Heck montiertem HIAB Ladekran auf Saurer D 230

Langeisenwagen mit schmalerer Kabine auf Volvo F 89

Langeisenwagen mit HIAB Heckladekran auf MAN 6x2-Fahrgestell mit Unterflurmotor

Langeisenwagen auf Mercedes der SK-Reihe

6x6-Standardfahrzeug Saurer 10 DM des Schweizer Militärs mit Krapf-Pritsche

Saurer Militärmodell 6 DM 4x4 mit Krapf Ladebrücke

Wie transportiert man Ruß?

Die Geschichte der Fachspedition Johann Felten

Von Michael Folkers

Bevor hier auf die eigentliche Geschichte der Spedition Felten eingegangen wird, muss zunächst einmal geklärt werden: Was ist Ruß und wozu wird Ruß überhaupt benötigt? Bereits bei den prähistorischen Höhlenmalereien, beispielsweise in Lascaux (Südfrankreich) oder Altamira (Spanien) wurde Ruß als einer der ersten Farbstoffe verwendet. Von den Chinesen ist bekannt, dass sie im frühen Mittelalter Ruß technisch herstellten und sogar exportierten. Dazu verbrannten sie gereinigte tierische oder pflanzliche Öle in Lampen. Diese Ruße wurden als Pigmente in Tinten, Tuschen und Lacken eingesetzt.

Über die Handhabung dieser Ruße ist nichts überliefert. Erst mit der beginnenden industriellen Herstellung von Rußen hatten sich der Rußproduzent und der Rußverbraucher wegen der niedrigen Schüttdichte dieser Produktgruppe mit der Frage der Verdichtung, der Verpackung und des Staubes zu befassen. Neben Säcken wurden Ruße auch in Fässer gefüllt und versandt.

In den USA entwickelte sich im ausgehenden 19. Jahrhundert eine Rußindustrie mit Erdgas als Rohstoff, das äußerst preisgünstig zur Verfügung stand. Statt das damals wenig genutzte Erdgas abzufackeln wurden leichtgebaute Rußfabriken erstellt, die nach dem Erschöpfen einer Erdgasquelle an eine andere Stelle verlagert werden konnten. Die sog. Channelruße nahmen einen besonderen Aufschwung, als man entdeckte, dass man sie zur Verstärkung von Gummi nutzen konnte. Diese Ruße haben somit einen wichtigen Beitrag zum Siegeszug des Automobils geleistet, der mit herkömmlichen Flammrußen nicht möglich war. Erst mit den feinteiligen Channelrußen konnte die Laufleistung der Automobilreifen so erhöht werden, dass mehrere zehntausend Kilometer mit einem Reifensatz zustande kamen.

Da in Europa Erdgas knapp war, wurden hier analoge Verfahren auf der Basis von Teerölen entwickelt. Nach verschiedenen Anläufen war das 1935 bei Degussa ausgearbeitete Gasrußverfahren das erfolgreichste. Bis nach dem zweiten Weltkrieg beherrschten das Channelruß-Verfahren in den USA und das Gasruß-Verfahren in Europa den Reifensektor. Heute werden 98% der weltweit hergestellten Ruße nach dem bereits 1943 erstmals getesteten Öl-Furnace-Verfahren produziert.

Im zweiten Quartal des 20. Jahrhunderts wurden erstmals Maschinen konstruiert, mit deren Hilfe industriell hergestellte Ruße abgepackt werden konnten. Doch bis zum Straßentransport in Silo-Lastzügen war es noch ein langer Weg.

MAN 835 TL mit einem 160 PS-Versuchsmotor als Tankzug für Rußöl, aufgenommen 1961 auf einem Rastplatz bei Düsseldorf (im Vordergrund Horst Folkers, der Vater des Autors)

Was also ist Ruß? Ruß entsteht bei der unvollständigen Verbrennung oder thermischen Zersetzung von Kohlewasserstoffen. Aufgrund der großen Vielfalt von Einsatzgebieten ergeben sich je nach Verwendungszweck unterschiedliche Anforderungen. So müssten z.B. die bei der

Kaelble K 630 mit 145 PS, aufgenommen 1951 auf dem alten Speditionshof von Felten in Liblar

selfähigen Schüttgütern in Bulk-Containern angeboten. Das AZO-Container-Inlett besteht z.B. aus einem Polyethylen-Bändergewebe, welches innen zusätzlich PE-beschichtet ist. Ein solches Inlett ist für einen 20 Fuß-Container geeignet. Das Container - Inlett - Verfahren wird vor allem dort eingesetzt, wo ein Transport mit Silofahrzeugen nicht möglich ist, z.B. nach Übersee.

Reifenherstellung für die Verstärkung von Kautschuk verwendeten Rußtypen andere Voraussetzungen erfüllen als die Pigmentruße, die u.a. für Druckfarben und Lacke benötigt werden.

Auf dem Gebiet der Handhabung und des Transports von Schüttgütern wurden in den letzten Jahren große Fortschritte erzielt. Gerade für den Umgang mit Industrierußen ist es u.a. wegen der Verschmutzungsgefahr von höchster Bedeutung, möglichst geschlossene Systeme einzusetzen. Man unterscheidet zwei Hauptarten beim Ruß, Perlruße und Pulverruße. Pulverruße werden wegen ihres geringen Schüttgewichtes und ihrer relativ schlechten Fließfähigkeit nicht in starren Behältern oder Silos, sondern nur als Sackware oder im FIBC (Flexible Intermediate Bulk Container) zum Versand gebracht. Für den Transport von Perlruß werden neben palettierten Säcken von je 25 kg Gewicht überwiegend Straßensilofahrzeuge verwendet. Seit Anfang der achtziger Jahre wird das Container-Inlett-Verfahren zum wirtschaftlichen Transport von schwer rie-

Doch nun zur eigentlichen Geschichte des Rußtransports auf der Straße. Es ist gleichzeitig die Geschichte der Spedition Johann Felten aus Liblar bei Köln (ab 1968 Erftstadt-Liblar). Die Spedition Johann Felten darf zu Recht als eine der ersten Fach-Speditionen in Deutschland bezeichnet werden, denn als Felten im Jahre 1950 den Ruß-Transport für die Degussa aufnahm, war vielen Speditionen noch nicht einmal bekannt, dass Ruß überhaupt benötigt wird. Die Geschichte dieser Spedition, die nur von 1946 bis 1996 existierte, die aber mit vielen Besonderheiten und Superlativen aufwartete, soll nun erzählt werden.

MAN 10.212 HS und Plateau-Auflieger mit Rußbehältern für den Linienverkehr zwischen Kalscheuren und Hanau, hier im Juli 1965 während der Entladung in Hanau

Anfangs führte Johann Felten mit einem alten zweiachsigen Fiat-Lkw aus der Vorkriegszeit Brikett-Transporte von der Brikettfabrik in Liblar in die nähere Umgebung durch. Erst 1950 nahm er den Transport von Teer- und Rußöl für die Degussa in Kalscheuren (bei Hürth) auf. Für diese Transporte wurde ein Kaelble K 630 mit 150 PS als Tanklastwagen mit Dreiachs-Anhänger gekauft. Wenig später kam ein zweiter Tankzug zum Einsatz, diesmal ein 145 PS starker Mercedes-Benz L 6600, ebenfalls mit Dreiachs-Anhänger.

Doch auf Dauer konnten diese Tankzug-Transporte nicht befriedigen, so dass sich Johann Felten dazu entschloss, einen ersten Fernverkehrs-Lkw vom Typ Mercedes-Benz LP 315 mit 145 PS als Planen-Hängerzug zu kaufen. Damit konnte Felten den Ruß zu den Verbrauchern, d.h. in erster Linie Reifenfirmen fahren. Die Auftragslage bei Degussa war sehr gut und viele neue Kunden kamen hinzu, so dass weitere neue Lastwagen gekauft werden mussten, jetzt auch erste Sattelauflieger von Schmitz in Altenberge, in Ausführung als Plateauauflieger. Bei den Tankzügen kam 1956 erstmalig der Lkw-Typ 835 von MAN mit 3-Achs-Anhänger zum Einsatz. Das Besondere war der Versuchsmotor von MAN, der durch Turboaufladung auf eine Leistung von 160 PS gebracht wurde. Entsprechend lautete die genaue Bezeichnung 835 TL. Für die Sattelauflieger beschaffte Felten von Mercedes-Benz den 172 PS leistenden LPS 329 mit 172 PS und später den LPS 334 mit 192 PS.

Mercedes LP 315 mit 145 PS, der erste Fernlastzug der Spedition Felten, aufgenommen 1955 in Lechenich

Ruß- und Teeröl wurde in Alsdorf bei Aachen, in Castrop-Rauxel, Duisburg-Meiderich und in Bochum geladen. Die Tankzüge liefen „rund um die Uhr", also im Schichtbetrieb. Im Werk Kalscheuren produzierte die Degussa aus dem dickflüssigen Rohstoff Öl die speziellen Pulver- oder Perlruße wie Printex oder Corax, die zu Anfang nur als Sackware an die Kunden ausgeliefert wurden. Dazu zählten hauptsächlich die großen Reifenfirmen wie Dunlop in Hanau, Firestone-Phönix in Hamburg-Harburg oder die Continental-Werke in Hannover.

1961 kam bei Felten die erste MAN Frontlenker-Sattelzugmaschine des Vorserientyps 10.210 TL mit kurzem Führerhaus zum Einsatz. Trotz der kleinen Ka-

MAN 10.210 TL 1 FS aus der Vorserie mit Auflieger von Schaubstahl, aufgenommen im November 1961 auf dem Hof in Liblar. Es ist der erste Silozug für den Transport von Perlruß in Deutschland.

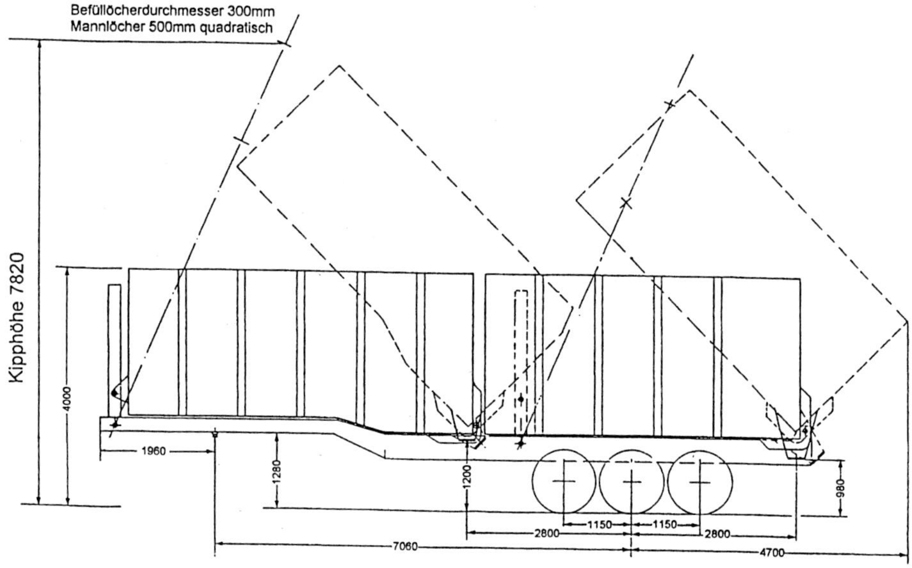

Normalkipper (zwei Kammern)

Einkammerkipper

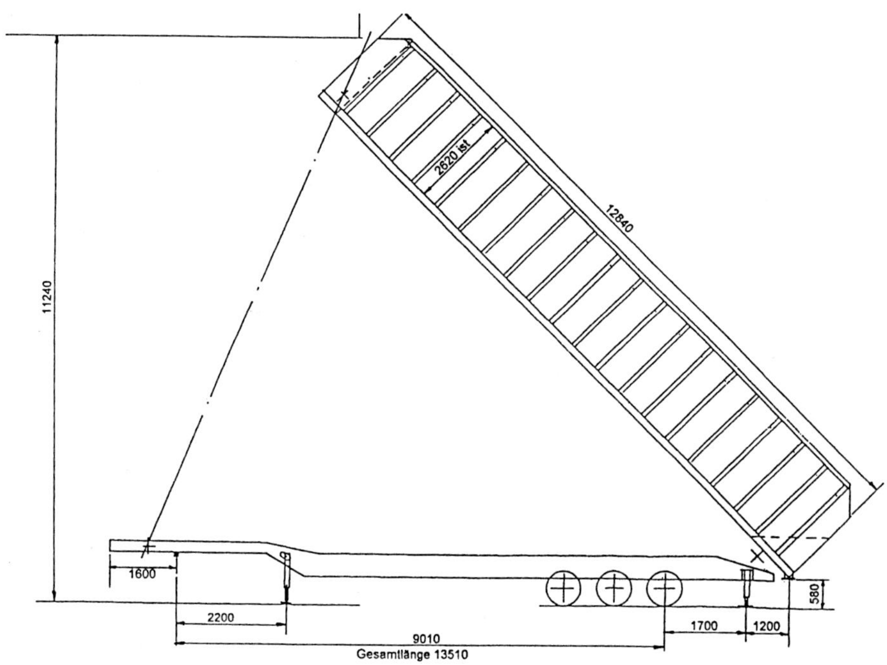

Zeichnung: Solle

bine erfolgte der Einsatz nur im Fernverkehr. Etwas später folgte ein weiterer MAN 10.210 TL, diesmal mit dem großen Fernverkehrs-Führerhaus.

Im Jahre 1961 kaufte die Spedition Johann Felten den ersten Ruß-Silo-Auflieger in Deutschland, erbaut als Zweiachser von der Firma Schaubstahl. Dieser Silozug hatte mit den heutigen Hoch- bzw. Niedrigkippern wenig gemeinsam. Er sah aus wie ein zu groß geratener Tankauflieger. Zwischen den Rahmenträgern befanden sich zwei Auslauftrichter. Der Perlruß rieselte auf ein Laufband, das sich ebenfalls im Rahmen befand. Wer jemals mit dem „besonderen Stoff" Ruß in Berührung kam, wird sich vorstellen können, wie der Fahrer nach der Entladung ausgesehen hat. Funktioniert hat dieser erste Ruß-Silozug nie so richtig. Doch die Entwicklung ging stetig weiter: 1962 wurde der erste Hochkipper angeschafft, wenig später dann ein weiterer Siloauflieger in der seltenen Ausführung als „Scherenhochkipper" und ab 1963 dann der wirklich erste Hochkipper mit zwei Kippeinheiten. Erst jetzt funktionierte der Transport von Perlruß in Siloaufliegern.

Zunächst blieb Felten der Marke MAN treu und kaufte 1961 einen weiteren 10.210 TL, diesmal in der seltenen Ausführung mit „Schwalbennest". Zum Einsatz kam der MAN als Planenzug mit Zweiachs-Anhänger. Es blieb bei diesem einzigen Exemplar, denn für den Ruß-Transport im Fernverkehr stellten sich be-

Dies ist kein Fahrzeug der Spedition Felten, sondern vom Konkurrenten Solle aus Hamm, der von Schmitz in Altenberge auf Basis eines Büssing BS 16 einen 25 cbm fassenden Kipp-Silo-Kastenaufbau zum Transport von geperltem Staubgut fertigen lässt. Auf dem Dach befinden sich 8 Füllöffnungen mit Domdeckel. Das Innere des Behälters ist mit Kunststoff beschichtet, um Korrosion weitestgehend auszuschalten und ein besseres Gleiten des Ladegutes zu erreichen. (Foto.Schmitz)

Scania-Vabis L 75 mit 192 PS als Tanklastzug für Rußöl, 1962 auf einer Raststätte bei Düsseldorf. Es ist der erste Scania-Vabis des Typs L 75, der in Deutschland zum Einsatz kam.

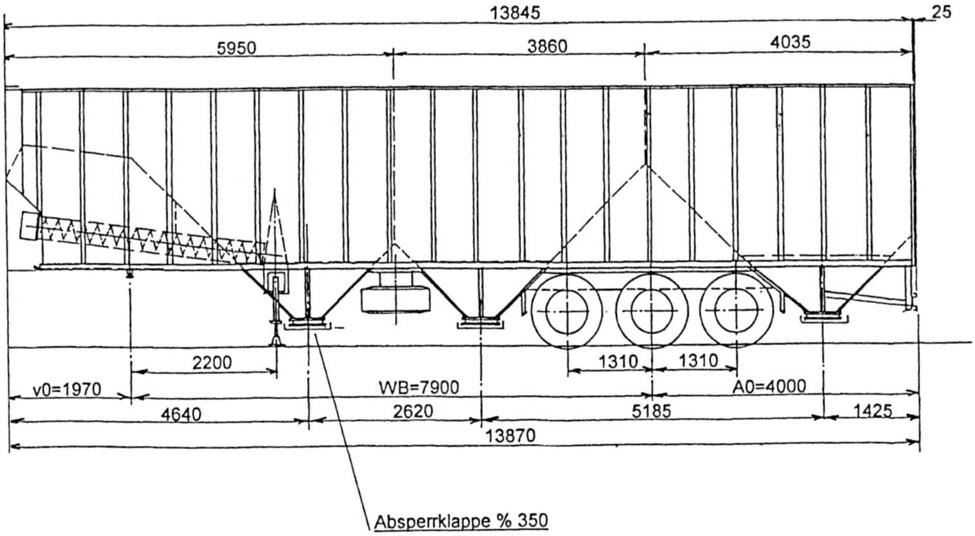

Bodenentleerer

Hochkipper

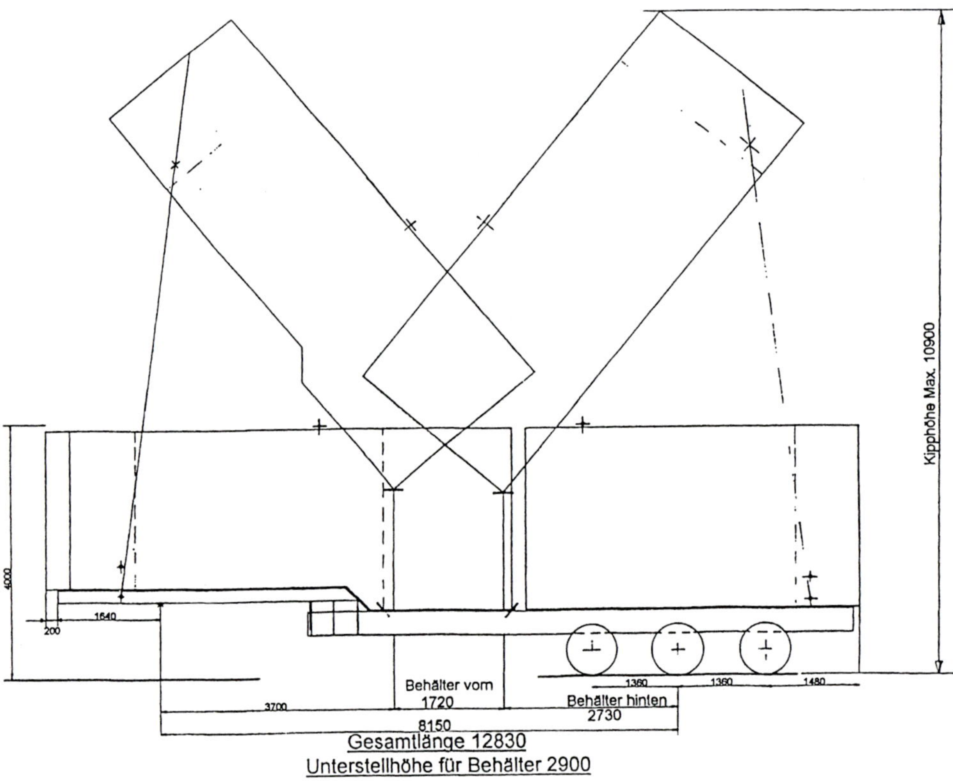

Zeichnung: Solle

Scania L 141als Tanklastzug, aufgenommen 1975 auf dem Hof in Liblar

reits damals Sattelauflieger als wirtschaftlicher heraus. Für den Linienverkehr zwischen Kalscheuren und Hanau kam ein MAN 10.212 Haubenwagen mit Plateau-Auflieger zum Einsatz, auf dem erstmalig Ruß-Behälter transportiert wurden.

Im Jahre 1961 kaufte Johann Felten auch zwei Lastwagen vom Typ Scania-Vabis L 75 mit 192 PS direkt von der Messe in Frankfurt. Bei den Fahrzeugen handelte es sich um einen Tanklastzug mit Zweiachs-Anhänger sowie um eine zweiachsige Sattelzugmaschine. Diese beiden Scania-Vabis waren die ersten Scania-Lkw, die in Deutschland zum regulären Einsatz kamen. Später erschienen zwei weitere Scania-Vabis Sattelzugmaschinen des Typs L 76 Super mit 225 PS auf dem Hof, einer davon in der seltenen Ausführung als Dreiachser. Bei der Spedition liefen die Scania-Vabis im Versuchseinsatz. Von nun an bis zum Ende der Firma im Jahre 1996 hielt man der schwedischen Marke die Treue.

1963 kamen erstmalig auch drei Frontlenker-Sattelzugmaschinen von Scania-Vabis des Typs LB 76 Super mit 225 PS zum Einsatz. Gekauft wurden die Lkw wieder direkt auf der IAA in Frankfurt. Zwei Fahrzeuge waren in den Farben Blau-Rot lackiert und eine Sattelzugmaschine in Orange-Blau. Letztere bekam mein Vater zugeteilt, der lange Jahre bei der Spedition Felten im Fernverkehr tätig war. Die Scania-Vabis LB 76 Super wurden von Anfang an nur im Fernverkehr eingesetzt. Trotzdem waren sie nicht besonders beliebt, denn damals waren die Scania-Vabis extrem hart, so dass einige Fahrer den Begriff „Schwedische Folterkammern" prägten! Mit den Sattelzugmaschinen deutscher Herstellung hatten diese Lastwagen technisch gesehen wenig gemeinsam. Dazu kam noch ein umständliches Zehngang-Getriebe mit Vorschaltgruppe und mit doppelten Schalthebeln! Doch die Vorteile, die sie zu bieten hatten, sollten auch nicht vergessen werden: das Sicherheitsführerhaus, das sehr stabil gebaut, oder der starke Motor, der nicht kaputt zu kriegen war. Über den Motor gibt es folgende kleine Geschichte zu erzählen: Ein mir bekannter Fahrer hatte von „seinem" Scania die Nase dermaßen voll, dass er den Motor überdrehen wollte. Auf der Autobahn A 3 in Richtung Frankfurt blieb er bergab (!!!) auf dem Gas stehen. Der Motor drehte immer höher. Unter im Tal „heulte" er wie ein Starfighter beim Start, doch die Maschine hielt dieser Belastung stand. Mit einer unwahrscheinlich hohen Geschwindigkeit „raste" der schwere Ruß-Silozug die nächste Steigung wieder hinauf. Würde man so etwas bei einem heutigen Lkw veranstalten, würde der Motor wohl auseinanderfliegen, aber bei einem damaligen Scania-Vabis war dies absolut kein Thema. Kein Lastwagen deutscher Produktion, kein FAUN oder Magirus, kein Krupp oder Büssing, nicht MAN oder Mercedes konnten dem Scania am Berg „das Wasser reichen", so stark waren sie, von der deutlich höheren Geschwindigkeit ganz zu schweigen!

1968 kam bei Felten der neue Scania LB 110 mit 260 PS zum Einsatz, der erstmalig ein kippbares Fahrerhaus besaß. Jeder Scania, der jetzt bei Felten für den Fernverkehr gekauft wurde, erhielt die große Kabine mit zwei Schlafliegen. Ausnahmen waren nur die Scania, die im Tankzug-Umlauf fuhren und ein Dreiachs-Zugfahrzeug mit Tandem-Achsaggregat. Neben den LB 110 kaufte Felten ab 1974 den LB 111, anfangs mit 296 PS, später dann mit 305 PS.

Ein weiterer Scania wurde 1981 beschafft, ein Modell L 140 mit 375 PS. Dieser lief mit einem dreiachsigen Tankauflieger im Ölverkehr zwischen Duisburg-Meiderich bzw. Castrop-Rauxel und Kalscheueren. 1981 war das der stärkste Scania, der bei Felten im Einsatz war, und eigentlich war der starke Motor auf der „Kurzstrecke" unterfordert.

Neben den hier erwähnten Scania-Fahrzeugen wurden bei Felten auch Mercedes-Benz und MAN gekauft. Mercedes lieferte 1963 den LPS 1620 bzw. 1967 den LPS 1623 und 1969 den LPS 1632 V 10 mit 320 PS, alle also mit dem eckigen Fahrerhaus der „kubischen Generation". Von MAN bezog Felten 1967 den 13.230 BFS und 1969 die Typen 13.230 FS und mit V 8-Maschine den 13.275 FS, der damals der stärkste Lkw aus deutscher Produktion war. 1976 endete allerdings die lange Ära von MAN bei der Spedition Felten mit dem letzten 13.304 FS.

Doch blicken wir noch einmal zurück in das Jahr 1961. Erstmalig fuhr die Spedition Johann Felten in jenem Jahr im Fernverkehr nach Frankreich, mit einem MAN 10.210 TL der Vorserie, mit kurzem Führerhaus-also ohne Schlafliegen. Kombiniert mit dem MAN war ein neuer 12 m langer Plateau-Auflieger von Schmitz, Altenberge. Lesen Sie die Geschichte meines Vaters Horst Folkers, der als erster Fahrer im Jahre 1961 mit Degussa-Ruß nach Frankreich fuhr:

Als junger Fahrer von 24 Jahren fing ich 1960 bei der Spedition Felten in Liblar an. Mein erstes Fahrzeug war ein MAN 835 TL mit Versuchsmotor. Die Leistung lag bei 160 PS. Diesen Tankzug mit Dreiachs-Anhänger fuhr ich im Schichtdienst nach Castrop-Rauxel, wo ich Rußöl für die Degussa in Kalscheurten laden musste. Doch ich wollte etwas von der Welt sehen. Diese Möglichkeit ergab sich, als ich nach kurzer Zeit einen fast neuen MAN 10.210 TL zugeteilt bekam. Zuerst fuhr ich nur im innerdeutschen Fernverkehr, nach Hamburg oder Hannover. 1961 erhielt ich als erster Fahrer den Auftrag, zwanzig Paletten Pulverruß in Ventil-Säcken für Frankreich zu laden. Die Ventil-Säcke waren im Schornsteinverband geklebt. Nun musste ich dafür sorgen, dass die Fracht gesichert wurde. Dafür hatten wir eine Spezialplane, die über die 20 Ruß-Paletten ausgerollt wurde und unter dem Auflieger in Abständen von je 30 cm angezogen wur-

Scania-Vabis L 76 Super mit 220 PS, aufgenommen 1963 in Bochum

de – beidseitig rechts und links. Danach ging es zum Duschen, denn ich war so schwarz wie der Ruß in den Säcken auf dem Plateau-Auflieger.

Bei der Fracht- und Zollpapierübernahme kam der damalige Direktor der Degussa in Kalscheuren, Dr. Haas auf mich zu und erklärte mir die Wichtigkeit des neuen Kunden in Clairoix, Frankreich. Die dortige Filiale des Aachener Reifenherstellers Englebert(heute Continental) war zu diesem Zeitpunkt der erste Abnehmer, der mit Ventil-Säcken auf Plateau-Auflieger beliefert wurde. Jeweils dienstags und freitags sollte ich spätestens um 11 Uhr im Werk sein, da der Ruß direkt in die Produktion einbezogen wurde.

Bei meiner ersten Fahrt hatte ich schon ein etwas mulmiges Gefühl in der Magengegend. Die Sprache war anders. Konnte ich dort sofort mein Ziel finden? Konnte ich die Erwartung meiner Firma erfüllen und alles richtig machen? Ja – nach dem Studium der Straßenkarten hatte ich die richtige Fernstrecke: Nationalstraße 17 von Lüttich Richtung Paris über Namur – Charleroi – Compiegne nach Clairoix,.

Montags morgens fuhr ich vom Hof in Liblar nach Lichtenbusch, um die Zollpapiere sichten und stempeln zu lassen. Nach dem „Papierkram" und der Mes-

MAN Frontlenker mit gekippter erster Einheit.

MAN 13.230 FS mit Scherensilo-Hochkipper im September 1969 in Waldkraiburg. Zunächst wurde die erste Einheit voll hochgefahren. Nach dem Anheben der zweiten Einheit kippte das ganze Fahrzeug auf das Dach des Kunden.

Mercedes 1632 als Rußsilozug mit Hochkipper von Aurepa, der letzte Scherensilo in zweiachsiger Ausführung, aufgenommen 1978 in Steinheim bei Hanau

sung des Tankinhalts ging es weiter auf der Straße nach Verviers – Lüttich – Huy (hier in Huy musste man unbedingt die Plane nachziehen!) – Namur bis zum französischen Zoll bei Maubeuge/Valenciennes. Die Zolldeklaration übernahm eine dortige Spedition, die Exipa-Freres. Mit den Papieren konnte ich dann zum Zoll. Die Beamten dort beschäftigten sich erst einmal $1\frac{1}{2}$ Stunden mit dem deutschen Wort „Ruß", das in keiner französischen Zolldeklaration zu finden war. Deshalb wurde die Ladung als „Noir de Fumee" bezeichnet, was dann so viel hieß wie „Das Schwarze des Feuers"! Die richtige Bezeichnung lautete später „Noir de Carbone". Trotz meiner Warnung wollte der Zoll aber unbedingt eine Probe der Ladung entnehmen – und natürlich von ganz oben! Also musste ich die Plane lösen und etwas vorrollen und dann einen Ventil-Sack von oben hinunterwerfen. Er platzte natürlich auf! Nachdem sich die „Ruß-Wolke" gelegt hatte, waren die beiden Zollbeamten schwarz wie die Nacht! Einer nahm dann eine Blechdose und brachte die gewünschte Probe mit in das Büro. Ich ließ es geschehen, konnte aber meine Schadenfreude kaum zurückhalten. – Jedenfalls musste der Zoll anschließend mehrere Tage das Büro von einer Spezialfirma reinigen lassen. Danach wurde nie mehr eine Probe der Ladung entnommen!

Endlich konnte ich weiterfahren. Außerdem musste ich ja noch ein Bett für die Nacht finden, denn in dem MAN mit der kurzen Kabine war schlafen kaum möglich. Kurz vor Compiegne kam eine Esso-Tankstelle mit Motel, wo ich essen und schlafen konnte. Diese Raststätte blieb für lange Zeit mein Zwischenstopp auf dem Weg nach Clairoix zu der Reifenfirma. Autobahnen gab es damals noch nicht. Fast die

Die Scania-Flotte der Spedition Johann Felten im Jahre 1975, als "Exot" ein Mercedes LPS 1632 als Tankzug für Rußöl

Mercedes 1632 S mit 320 PS aus der Neuen Generation mit Zweiachs-Plateau-Auflieger im Jahre 1978

gesamte Strecke musste ich auf Nationalstraßen zurücklegen. Am nächsten Morgen ging es weiter nach Clairoix, vorbei am alten Flughafen zum Reifenwerk, wo ich morgens gegen 9 Uhr ankam. Nach der Entladung des Plateaus musste ich die Plane eng zusammenrollen und fest an der Stirnwand des Aufliegers verzurren. Wieder war ich so schwarz wie der Ruß, den ich transportierte – und das am Morgen! Nachdem ich im Werk geduscht und die Papiere unterschrieben zurückbekommen hatte, ging es gegen 11 Uhr zurück nach Hause. Am Zoll konnte ich leer durchfahren, so dass ich etwa um 19 Uhr wieder auf unserem Speditionshof in Liblar eintraf. So sah damals meine erste Fahrt nach Frankreich aus, mit einem Lkw ohne Schlafkabine, im heutigen Fernverkehr undenkbar! Später entwickelte ich mich zum „Spezialisten" für Frankreich und Straßenkarten benötigte ich auch nicht mehr. Meine vielen Fahrten mit Ruß für französische Kunden führten mich bis nach Clermont-Ferrand und einmal sogar bis nach Bilbao im spanischen Baskenland.

So weit der Bericht meines Vaters Horst Folkers. Der Rußtransport mit den Plateau- und Silozügen wurde immer umfangreicher. Neben Frankreich wurde auch Holland (Rotterdam), Dänemark und die damalige DDR (VEB Leuna) angefahren. 1965 kam eine Sattelzugmaschine der Marke Büssing, ein LS 11 F Commodore mit stehendem Motor und 192 PS zum Einsatz. Es blieb aber bei einem einzigen Exemplar. Wegen seiner geringen Höchstgeschwindigkeit von nur 82 km/h war er für den Rußtransport zu langsam. Hier wurde auf Zeit gefahren, weil der Ruß bei einigen Firmen direkt für die Produktion verwendet wurde, also ein erstes „Just in Time"-Prinzip. Für diese Fahrten waren am besten die Fahrzeuge der Marken Mercedes-Benz und Scania geeignet.

Auch wenn die Rußtransporte mit den Silozügen immer bedeutender wurden, so war speziell bei den älteren zweiteiligen Hochkippern bei der Entladung äußerste Vorsicht geboten. Wehe, wenn der Ruß schlagartig verrutschte! Dann konnte ein Hochkipper auch schon einmal umkippen, wie z.B. im Juli 1969 in Waldkraiburg, als der Silo plötzlich auf dem Dach eines Kunden lag! Von größeren Unfällen blieb die Spedition Felten jedoch zum Glück verschont.

Anfang der siebziger Jahre kaufte die Spedition Felten von der französischen Firma Benalu einen Bodenentleerer, oder – wie er aufgrund seines charakteristischen „Bauchbereiches" in der Fachsprache genannt wurde – ein „Zitzenwagen" mit einem Gesamtvolumen von 60 cbm. Das entspricht 23 t Perlruß. Der Zitzensilo konnte nicht gekippt werden. Un-

Mercedes 1633 S Niedrigkipper-Ruß-Silozug auf dem Hof der Degussa in Kalscheuren 1985

ten hatte er drei Auslauftrichter zur Entleerung. Dieser Bodenentleerer konnte die Ansprüche von Felten im Rußtransport nie so recht erfüllen. Daher blieb es auch bei nur diesem einen Exemplar, das bereits Anfang der achtziger Jahre ausgemustert wurde.

Der Fuhrpark umfasste 1974 insgesamt 12 Tanksattelzüge für den Transport von Teer- und Rußöl und für Cracköl, 6 Silozüge als Hochkipper und 4 als Niedrigkipper, 1 Bodenentleerer, 3 Plateau-Auflieger (2 davon noch in Zweiachs-Ausführung) sowie ein offener Plateauauflieger mit Ruß-Behälter-System. Dazu kamen noch zusätzliche zehn Tanklastzüge der Filiale in Ratingen bei Düsseldorf, die allerdings

Mercedes 1633 S mit Niedrigkipper. Die zweite Einheit ist in Kalscheuren bereit zur Entladung.

nur im Nahverkehr liefen und daher auch in diesem Bericht nicht näher betrachtet werden.

Im Jahre 1982 kamen zwei neue Plateau-Auflieger (jetzt mit Schiebeplane!) zum Einsatz. Benötigt wurden die Neuen hauptsächlich für Rußtransporte nach Bordeaux-Ambes im Südwesten Frankreichs. Die offenen älteren Plateaus dienten nur noch zu Reservezwecken.

Im August 1984 kam bei Felten in Liblar ein Tankzug von gigantischen Ausmaßen zum Einsatz. Es war ein dreiachsiger Auflieger mit einer Höhe von 4,07 Metern, erbaut von der belgischen Firma LAG aus Bree nach den eigenen Plänen der Spedition Felten. Er war vorgesehen zum Transport von nur zwei Produkten, d.h. Teeröl und Rußöl (genaue Bezeichnung 1M oder 2M). Als Zugmaschine diente ein neuer Scania 112 M mit kurzem Führerhaus und 333 PS. Eine Schlafkabine war nicht notwendig, da der Tankzug-Gigant nur im Kurzstrecken-Umlauf fuhr: Laden von Teeröl in Alsdorf – Entladung der vorderen Kammer in Duisburg-Meiderich und Wiegen des leeren Tankzuges – Beladung der großen Kammer 2 mit Rußöl 1M oder 2M –Fahrt nach Kalscheuren und Entladung dort. Dann fuhr ein zweiter Fahrer ab Liblar denselben Umlauf. Zum Zeitpunkt des Einsatzes war der Tank-Gigant einmalig in ganz Europa. Nur mit einer Ausnahmegenehmigung durfte der Tankzug gefahren werden. Leider hatte der Jumbo einen großen Nachteil. Wegen fehlender Schwallbleche im Tank entwickelte das Öl während der Fahrt eine starke Eigenbewegung nach vorn und hinten bzw. nach links und rechts. Dabei spielte es keine Rolle, dass Teer- bzw. Rußöl von Natur aus eigentlich recht dickflüssig ist. Besonders beliebt war deshalb der Jumbo-Tankzug nicht. Einige Fahrer weigerten sich sogar, mit diesem gefährlichen Fahrzeug auf Tour zu gehen. Nach nur zwei Jahren wurde die Scania-Sattelzugmaschine verkauft. Jetzt kam ein Mercedes-Benz 1633 mit Fernverkehrs-Kabine und langem Radstand unter den Tankauflieger. So lief er noch weitere drei Jahre, bis er schließlich nach nur fünf Einsatzjahren verschrottet wurde.

1992 wurde in einem ersten Schritt die gesamte Tankzugflotte stillgelegt. Auch die Filiale in Ratingen wurde davon betroffen. In Erftstadt-Liblar blieben nur noch die Silozüge und die Plateau-Auflieger, darunter auch der letzte Zweiachs-Plateau von Schmitz in Altenberge, den mein Vater 1961 erstmals aufsattelte. Die Aufträge der Degussa AG an die Spedition Felten waren auch weiterhin sehr gut. Trotzdem war ein Ende der traditionsreichen Spedition vorauszusehen. Allerdings gab es bei Ruß-Transporten mit Silozügen einen entscheidenden Nachteil, der bislang nicht erwähnt wurde: Bei diesem Ladegut war es unmöglich,

MAN 10.210 TL aus der Vorserie mit einfachem Fahrerhaus auf der Fahrt nach Frankreich 1962, hier in Huy/Belgien

Fahrzeug-Typen, die bei der Spedition Felten zum Einsatz kamen

Kaelble	K 630	150 PS	Tankzug mit 3-Achs-Anhänger
Mercedes-Benz	LP 315	145 PS	Planen-Hängerzug 2 x 2Achsen
	L 6600	145 PS	Tankzug mit 3-Achs-Anhänger
	LPS 329	172 PS	Nur für den Fernverkehr
	LPS 334	192 PS	Nah- und Fernverkehr
	LPS 1620	200 PS	Nah- und Fernverkehr
	LPS 1623	230 PS	Nah- und Fernverkehr
	LPS 1632	320 PS V 10	Nah- und Fernverkehr, später auch im Tankzugverkehr
	1628	280 PS	Nur für den Tankzugverkehr
	1632	320 PS	Nah- und Fernverkehr
	1633	330 PS	Fernverkehr, später im Tankzugverkehr
	1633 mit Großraumkabine	330 PS	Nur im Fernverkehr
	1635	350 PS	Nur im Fernverkehr
Büssing	LS 11 F	192 PS	Nah- und Fernverkehr
MAN	835 TL	160 PS Turbo-Versuchsmotor	Tankzug mit 3 Achs-Anhänger
	10.210 TL kleines Fahrerhaus	210 PS	Nah- und Fernverkehr
	10.210 TL Fernverkehrs-Fh.	210 PS	Fernverkehr, später im Nahverkehr
	10.210 TL mit Schwalbennest	210 PS	Planen-Hängerzug 2 x 2 Achsen
	10.212 HS	212 PS	Nur für den Linienverkehr zwischen Kalscheuren und Hanau
	10.212 BFS Fernverkehrs-Fh.	212 PS	Fernverkehr, später Nahverkehr
	13.230 FS	230 PS	Nah- und Fernverkehr, später im Tankzugverkehr
	13.275 FS	275 PS V 8	Nur im Fernverkehr
	13.304 FS	304 PS	Nur im Fernverkehr
Scania-Vabis	L 75	192 PS	Tankzug mit 2 Achs-Anhänger
	LB 76 Super	225 PS	2 Achs-Frontlenker-Sattelzugmaschine, nur für Tankauflieger
	LS 76 Super	225 PS	3-Achs-Sattelzugmaschine
Scania	LB 110 Fernverkehrs-Fh.	260 PS	Fernverkehr
	LB 111 kurzes Fh	280 PS	Nur für Tankauflieger
	LB 111 Fernverkehrs-Fh.	296 PS	Fernverkehr, später auch im Tankzugverkehr
	LB 111 Fernverkehrs-Fh.	305 PS	Fernverkehr
	LB 111 kurzes Fh.	305 PS	Nur für Tankauflieger, später als Ladefahrzeug
	LT 140 kurzes Fh.	350 PS	Nur für Tankauflieger
	112 M kurzes Fh.	333 PS	Für den Jumbo-Tankauflieger
	112 M Fernverkehrs-Fh.	333 PS	Nur im Fernverkehr
	142 T kurzes Fh.	388 PS	Nur für Tankauflieger
	142 M Fernverkehrs-Fh.	388 PS	Nur im Fernverkehr
	113 M	360 PS	Fernverkehr, zuletzt mit 3 Achs-Tankauflieger im Nahverkehr
	113 M Streamline	380 PS	Im Fernverkehr

eine Rückladung zu bekommen. Die Lastzüge fuhren immer leer zurück, also unwirtschaftlich. Eine Ausnahme waren nur die Plateaus mit Schiebeplane. Sie konnten Rückladungen aufnehmen, z.B. Rotwein aus Südfrankreich. Warum es letztendlich trotz hervorragender Auftragslage zum endgültigen Aus bei der Spedition Felten kam, darüber wurde in den Medien recht wild spekuliert und es soll in diesem Bericht auch nicht von Bedeutung sein. Nur eins kann man mit Sicherheit sagen: Felten war schon lange nicht mehr der einzige Transporteur von Pulver- und Perlruß. Bereits im Jahre 1965 kam

Scania R 112 M als Hochkipper-Silozug mit erster Einheit im Entladevorgang. Die zwei 30 cbm-Einheiten fassen 20-23 Tonnen Perlruß

1986 kommt dieser Mercedes 1633 Ruß-Hochkipper mit Aufbau von GOFA aus Goch fabrikneu zur Spedition Felten.

Scania R 112 M Tank-Sattelzug (Foto: Folkers)

begehen. Die Anzahl und Anordnung der Befüllöffnungen wurde so gewählt, dass eine optimale Ausnutzung des gesamten Ladevolumens und eine zügige Beladung durch gleichzeitigen Anschluss mehrerer Befüllöffnungen möglich ist. Die heutigen Auflieger zur Ruß-Beförderung sind vom Material her mit den damaligen Silos nicht zu vergleichen. Heute verwenden die Fahrzeugbauer besondere Aluminiumlegierungen, die sich durch hohe Beständigkeit und hohe Abriebfestigkeit auszeichnen. Moderne Ruß-Silotransporter haben heute ein Volumen von bis zu 83 cbm und eine Nutzlast von bis zu 26 Tonnen! Nach dem neuesten Stand der Technik sind die Fahrzeuge ausgestattet mit Luftfederung und Anti-Blockiersystem (ABS).

die Spedition Solle aus Hamm in Westfalen hinzu und Ende der sechziger Jahre noch die Spedition Stuckmann aus Bochum. Auch Solle und Stuckmann besaßen wie Felten die bekannten Hoch- und Niedrigkipper.

Am 1. April 1996 kam dann das endgültige Aus für die Fachspedition Felten in Erftstadt-Liblar. Die gesamte Fahrzeugflotte wurde an den größten Konkurrenten, die Spedition Solle in Hamm verkauft, darunter sogar ein fast fabrikneuer Scania 113 M Streamline. Die Siloauflieger wurden bei Solle in den eigenen Firmenfarben lackiert, also in Rot-Gelb. Heute, im Jahre 2003, fahren nach wie vor die Speditionen Stuckmann und Solle mit Pulver- und Perlruß für die Degussa AG in Hürth-Kalscheuren, wobei Solle den Rußtransport jetzt in einteiligen Niedrigkippern durchführt.

Zum Schluss noch eine offene Frage, die den Lesern bisher unbeantwortet blieb und erklärt werden sollte. Was ist das Besondere an den modernen Ruß-Silos und wie erfolgt die Beladung dieser Spezialfahrzeuge? Die Auflieger sind im Gegensatz zu den typischen Silofahrzeugen im Dachbereich eckig konstruiert, mit innen liegender Regenwasserabführung. Dadurch entstehen auf dem Dach große ebene und trockene Bewegungsflächen. Die Befüllung der Fahrzeuge erfolgt durch runde oder eckige Einfüllöffnungen mit standardisierten Maßen. So ist durch Aufsetzen geeigneter Konus-Beladeköpfe eine weitgehend staubdichte Beladung möglich. Durch Mannlöcher und fest eingebaute Leitern sind die Spezial-Silos zum Zwecke der Kontrolle und Reinigung problemlos zu

Damit endet auch die Geschichte der Spedition Felten aus Liblar, eine Spedition, die damals als erste den Rußtransport für die Degussa aufnahm, die im Jahre 1961 die ersten Lastwagen der Marke Scania-Vabis in Deutschland im Versuchseinsatz fuhr, die 1961 als erste Spedition überhaupt den Transport von Perlruß mit dem ersten Ruß-Silo-Auflieger durchführte. All das ist heute bereits Geschichte. Wo damals die schweren Lastzüge standen, befindet sich nur noch ein leerer Platz. Einzig das ehemalige Werkstattgebäude blieb erhalten. Möge dieser Bericht dazu beitragen, dass die Erinnerung an die Spedition Felten erhalten bleibt.

Mein besonderer Dank gilt an dieser Stelle den folgenden Firmen: Degussa A.G. in Hürth-Kalscheuren für umfangreiche Informationen über Ruß, Scania Deutschland GmbH. Koblenz für technische Informationen, Spedition Stuckmann aus Bochum für Informationen über Transportsysteme und Fotos, Spedition Solle aus Hamm für Informationen über Transportsysteme und technische Zeichnungen sowie den vielen ehemaligen Fahrern der Spedition Johann Felten, besonders meinem Vater Horst Folkers für viele Informationen und Fotos und den Herren Bruno Thiel, Paul Heinz Felten und Franz Bensberg, die mich mit Fotos und Informationen unterstützten. Ohne die Hilfe all dieser Personen wäre dieser Bericht nie zustande gekommen.

Entwicklung des Güterkraftverkehrs in Polen von 1945 bis heute

Von Thorsten Ötting

Einleitung

Spätestens seit der Öffnung Osteuropas gehören Lastwagen von polnischen Transportunternehmen zum gewohnten Bild auf deutschen Fernstraßen. Mit der für 2004 geplanten EU-Osterweiterung und dem Beitritt Polens zum europäischen Binnenmarkt wird der Warenaustausch auf den Straßen zwischen Polen und Westeuropa weiter an Dynamik gewinnen. Vor diesem Hintergrund bietet sich ein Blick auf die Vergangenheit und Gegenwart des Straßengüterverkehrs in Polen an.

Überblick 1945 bis 1989

Nach den Zerstörungen infolge des Zweiten Weltkriegs war die Entwicklung in Polen ähnlich wie in Deutschland durch einen langsamen und mühevollen Wiederaufbau und die Bildung eines neuen staatlichen Systems gekennzeichnet. Ein funktionierendes Verkehrssystem existierte nicht mehr und so wurde in den ersten Nachkriegsjahren versucht, die anfallenden Gütertransporte mit den noch verbliebenen Verkehrsmitteln zu organisieren. Da die Schienenwege durch die Kriegshandlungen fast vollständig unterbrochen waren, kam dem Straßentransport in den ersten Jahren des Wiederaufbaus eine tragende Rolle zu. Als Transportmittel dienten Pferdegespanne, ausrangierte Militärfahrzeuge und noch erhaltene Lastwagen aus der Vorkriegszeit.

Durch die Bildung der Volksrepublik Polen und die Einbindung des Landes in den Rat für gegenseitige Wirtschaftshilfe (RGW) wurde ein planwirtschaftliches Wirtschaftssystem aufgebaut. Die Organisation des Transportwesens in Polen war somit wie in allen osteuropäischen Staaten bis 1990 von der sozialistischen Staats- und Wirtschaftsordnung geprägt. Dies hatte zum einen zur Folge, dass die Arbeitsteilung zwischen den einzelnen Verkehrsträgern von staatlicher Seite aus reguliert werden konnte. In den sozialistischen Ländern wurde ein bahnzentriertes Verkehrsmodell bevorzugt, in dem der Schiene Massenguttransporte über größere Entfernungen zugewiesen wurden, während der Lkw-Verkehr vorrangig für die Transportbewältigung im Nahbereich zuständig war. In Polen transportierte die Eisenbahn beispielsweise in den 70er Jahren 75% der Güter, hingegen wurde nur ein Viertel des Aufkommens mit Lkw, Schiffen und Flugzeugen verfrachtet. Für den Straßengüterverkehr bedeutete das sozialistische System zudem, dass Transporte nicht von privaten Fuhrunternehmen, sondern durch wenige große, landesweit agierende Staatsunternehmen bewältigt wurden, die direkt dem Transportministerium oder anderen Ministerien unterstanden. In Polen wurde Anfang der 60er Jahre ein Straßengütertransport-System etabliert, dass durch eine strikte Trennung des Binnentransports und des internationalen Verkehrs gekennzeichnet war.

Binnentransport

Der polnische Binnengütertransport wurde von der landesweit operierenden Unternehmensgruppe

Spanische Technik für Polen: 1967 beschaffte das staatliche Transportunternehmen PEKAES 170 Pegaso-Lastwagen, hier ein 6x2 Planenanhängerzug auf einer westdeutschen Autobahn (Foto: Michael Haeder)

2 Jelcz C 416 vom PKS-Betrieb Poznan (Posen) mit Hänger aus polnischer Produktion. Die Aufnahme entstand nach 1990, wie man an der neu angebrachten Planenbeschriftung erkennen kann (Foto: Thorsten Ötting)

war nur ein reines Transportunternehmen; die Speditionierung und Distribution der Binnentransporte wurde von der Transportgesellschaft PSK (= Przedsiebiorstwo Spedycji Krajowy, staatliche Spedition) übernommen.

Neben PKS wurden die anfallenden Transporte auch durch Branchenverkehre abgewickelt, die es für insgesamt sechs Wirtschaftszweige gab. Für den Bereich der Bauindustrie wurden beispielsweise 41 sogenannte TRANSBUD-Unternehmen gegründet, die mit zirka 30.000 Lkw für die Baustellenverkehre und den Transport von Baustoffen zuständig waren. Insgesamt 213 Unternehmen waren zu sechs Branchengesellschaften zusammengefasst. Weitere Beispiele für Branchenunternehmen sind TRANSMEBLE, das für Transporte im Bereich der Möbelindustrie zuständig war oder TRANSMLECZ, das die Transportaufgaben der Milchwirtschaft übernahm.

PKS (= Pánstwowej Komunikacji Samochodowej, staatlicher Kraftverkehr) durchgeführt. Die PKS-Gruppe war in vier Unternehmen unterteilt, die sich wiederum aus Zweigbetrieben zusammensetzten und Polen flächendeckend mit Gütern bedienen konnten. Das polnische Staatsgebiet setzt sich seit der Gebietsreform von 1975 aus insgesamt 49 Wojewodschaften (polnische Verwaltungsbezirke) zusammen. Davon operierte das größte PKS-Unternehmen „PKSK" in 49 Wojewodschaften und umfasste insgesamt 193 Zweigbetriebe. Die anderen drei Unternehmen bestanden aus insgesamt 41 lokalen Zweigbetrieben und waren für die übrigen 9 Wojewodschaften zuständig. Die PKS-Betriebe führten nicht nur Straßengütertransporte, sondern auch Regional- und Fernbusverkehre durch. Die Hauptdirektion aller PKS-Betriebe befand sich in der Hauptstadt Warschau. PKS

Für die Binnenverkehre der PKS- und Branchenunternehmen wurden in erster Linie Fahrzeuge aus polnischer Produktion eingesetzt. Für die Nutzfahrzeugindustrie der Volksrepublik Polen wurde im Rahmen der Planwirtschaft eine strikte Trennung der einzelnen Fahrzeugbau-Kombinate vollzogen. Jedes Werk konzentrierte sich auf wenige Baumuster und war auf die Fertigung von Fahrzeugen einer bestimmten Gewichtsklasse ausgelegt. Im Bereich der Transporterklasse wurden die Modelle Zuk und Nysa angeboten, die für eine Nutzlast bis maximal 1.000 Kilogramm ausgelegt waren und von Pritschenwagen bis hin zum Kleinbus in zahlreichen Varianten gefertigt wurden. Die Stadt Starachowice kann als Wiege der

Von TRANSMELCZ, der staatlichen Transportgesellschaft der Milchwirtschaft, wurde dieser Jelcz 315 Kühllastwagen eingesetzt. Im Hintergrund ein ROMAN Sattelzug des rumänischen Staatsunternehmens ITIA (Foto: Peter v.d. Mierden)

polnischen Lkw-Produktion angesehen werden, da hier bereits 1948 die Produktion von Lastwagen der Marke Star (genauer vom Typ Star 20) aufgenommen wurde. Die Star-Lkw waren im Bereich der Nutzlastklasse von 3,5 bis 6 Tonnen angesiedelt. Schwere Lastwagen der Marke Jelcz wurden in der gleichnamigen Stadt in der Nähe von Wroclaw (Breslau) hergestellt. Jelcz umfasste ein breites Programm angefangen bei Straßenlastwagen über Kipper und Sattelzugmaschinen bis hin zu Linienbussen. Im Gegensatz zu Star wurde die Produktion nicht unabhängig betrieben, sondern basierte zum Teil auf Lizenzen aus dem westlichen Ausland. Der Lkw Jelcz 315 wurde beispielsweise ab 1968 nach einer Lizenz von British Leyland gebaut, während der für den Personennahverkehr ausgelegte Bus vom Typ Jelcz PR 100 auf einem französischen Berliet-Bus basierte. Der Vollständigkeit sei erwähnt, dass Reiseomnibusse der Marke Autosan in der polnischen Stadt Sanok produziert werden.

Neben den heimischen Nutzfahrzeugen kamen im polnischen Binnentransport vorrangig Lastwagen aus sozialistischer Produktion zum Einsatz. Zu nennen sind hier beispielsweise Tatra- und Skoda/Liaz-Fahrzeuge aus der CSSR, Kamaz- und ZIL-Lkw aus der Sowjetunion oder die bekannten IFA W50 aus DDR-Fertigung. Dagegen war die Verwendung von Lkw aus westlicher Produktion für den Binnenverkehr eher eine Besonderheit. Eine solche Besonderheit stellte der Einsatz von rund 3.000 österreichischen Steyr-Lkw des Typs 1491 mit 320-PS-V8-Motoren in den 70er Jahren dar. Zu dieser Zeit wurden in Polen große Industrialisierungsvorhaben realisiert, wie etwa der

Volvo F 89 eines PKS-Betriebes, 1990 im Einsatz in Westdeutschland (Foto: Bernd Regenberg)

Bau eines Stahlwerkes in Katowice (Katowitz) oder die Errichtung der Nowa Huta ("Neues Hüttenwerk") unweit von Krakau. Zur Bewältigung der großen Erdbewegungsarbeiten (in Katowice mussten etwa 120 Mio. Tonnen Erdreich transportiert werden) wurden neben Lkw aus den RGW-Staaten (Jelcz, Star, Tatra und ZIL) die Steyr-Fahrzeuge eingesetzt, die allesamt dem Bautransportunternehmen TRANSBUD angehörten. Um die vorgegebenen Bautermine der Stahlwerke Katowice und Nowa Huta einhalten zu können, wurden die Baufahrzeuge rund um die Uhr in einem Zweischichtendienst eingesetzt. Die Steyr wurden zur Hälfte als Komplett-Fahrzeuge an die Volksrepublik Polen geliefert; die andere Hälfte der Lieferung bestand aus Chassis mit Motoren, die im Rahmen einer technisch-wirtschaftlichen Zusammenarbeit zwischen Steyr und Jelcz in Polen mit Fahrerhäusern und Aufbauten versehen wurden. In den achtziger Jahren konnte Steyr nochmals ca. 3.000 Lkw nach Polen liefern, die wiederum in erster Linie im Baustellen-Verkehr der TRANSBUD-Unternehmen eingesetzt wurden. Auf den Einsatz von einheitlichen Fahrzeuggestaltungen oder besonderen Planenbeschriftungen wurde bei den Lastwagen im nationalen Verkehr größtenteils verzichtet.

Für internationale Transporte war in der Regel allein PEKAES zuständig. Nur in seltenen Fällen durfte ein Binnentransport-Unternehmen diese Fahrten selbst übernehmen. Das Foto zeigt eine solche Ausnahme: ein Jelcz 317 D Sattelzug des TRANSBUD-Betriebes Krakow (Krakau) im Jahre 1985 auf dem Gebiet der damaligen DDR. (Foto: Michael Zinn)

Die PKS-Lkw trugen beispielsweise nur an den Fahrerhaustüren das Logo (stilisiertes Lenkrad mit Firmenname) und den Namen des Standorts.

Bereits Anfang der 80er Jahre wurde mit einer Deregulierung dieses staatlich geprägten Systems des Binnengüterverkehrs begonnen. Dadurch entstand der Trend zur Verlagerung des Güterverkehrs von der Schiene auf der Straße. Bereits 1989 transportierte die Bahn nur noch 22% der gesamten Gütermenge in Polen, der Lkw hingegen 75%. Diese Entwicklung wurde auch durch den maroden Zustand der Staatsbahn PKP begünstigt. Durch die Deregulierung konnte zudem zaghaft ein Privatsektor im Straßengüterverkehr entstehen. Bis zur politischen Wende 1989 entwickelten sich in erster Linie kleinbetrieblich strukturierte Firmen, meist mit nur einem Fahrzeug und einem selbstfahrenden Unternehmer. Transporte wurden in diesem Segment v.a. im Nahbereich durchgeführt und stellten somit noch keine deutliche Konkurrenz zu den staatlichen Betrieben dar.

Internationaler Güterverkehr

Für internationale Straßengütertransporte, die sowohl in das westliche Ausland als auch in die RGW-Staaten führten, war in Polen bis in die späten achtziger Jahren hinein allein das Unternehmen PEKAES zuständig. PEKAES wurde 1958 gegründet und begann seine Tätigkeit mit der Anschaffung von zehn Planen-Hängerzügen des Typs Magirus S6500 und Transporten in die Schweiz. In den folgenden Jahren wurde der Fahrzeugpark kontinuierlich erweitert. Neben heimischen Sattel- und Hängerzügen vom Typ Jelcz 317 bzw. 316 wurden verstärkt Fabrikate aus dem westlichen Ausland eingesetzt. Obwohl diese mit Devisengeldern teuer eingekauft werden mussten und die Anschaffung eigentlich konträr zur wirtschaftspolitischen Ideologie stand, verdeutlicht dies, dass die Lastwagen aus osteuropäischer Produktion scheinbar nicht den Erfordernissen des internationalen Verkehrs gewachsen waren. Diese Erkenntnis gilt nicht nur für PEKAES, sondern ließ sich bei den meisten staatlichen internationalen Transportfirmen des Ostblocks beobachten. Die von PEKAES eingesetzten Westtypen stellten jedoch in den Anfangsjahren im Vergleich zu anderen osteuropäischen Unternehmen eine Besonderheit da. Neben den genannten Magirus-Lkw wurden Saviem-Lkw aus Frankreich und insgesamt 170 Pegaso-Fahrzeuge aus spanischer Fertigung eingesetzt, die man in keinem anderen osteuropäischen Land fand und deren Anblick selbst auf westdeutschen Straßen teilweise eine Seltenheit darstellte. Das Werkstattpersonal von PEKAES wurde 1967 in Spanien eigens für die Wartung der Pegaso-Flotte geschult.

Wie am Beispiel Nowa Huta und Katowice bereits angesprochen, wurde in den 70er Jahren die Industrialisierung der Volksrepublik Polen forciert. Parallel entwickelte sich die außenwirtschaftliche Tätigkeit des Landes. Aufgrund der bis heute vorhandenen technischen Schwierigkeiten des Grenzübertritts beim Gütertransport per Schiene wurde für die internationalen Verkehre der Lkw zunehmend wichtiger. Der Fuhrpark von PEKAES wurde entsprechend kontinuierlich aufgestockt, so dass das Unternehmen 1989 einen Fahrzeugbestand von rund 1.300 Lastwagen aufweisen konnte, der sich zudem zu fast 100% aus westlichen Lkw-Typen zusammensetzte. Neben Transporten in die RGW-Staaten und das westliche Ausland, wo PEKAES in vielen Ländern einzelne Büros und Repräsentanzen besaß, gewann gegen Ende der 70er Jahre der Wirtschaftsraum des Nahen Ostens zunehmend an Bedeutung. Beispielsweise konnte PEKAES in dieser Zeit monatlich bis zu 500 Transporte in die irakische Hauptstadt Bagdad absolvieren. Im Gegensatz zu den staatlichen Binnentransportunternehmen wurde PEKAES bereits im Jahr 1982 in eine Aktiengesellschaft

Aus Italien bezog PEKAES schwere dreiachsige FIAT 190 6x2-Zugmaschinen, die unter anderem (wie hier 1984) im Containerverkehr eingesetzt wurden. (Foto: Peter Pichl)

Den aus französischer Produktion stammenden Saviem JM 240 Kühlzug setzte PEKAES 1968 im Deutschland-Verkehr ein. Man beachte das damals gültige Warschauer Kennzeichen mit nur zwei Buchstaben. (Foto: Michael Haeder)

umgewandelt. Besitzer der neu gegründeten PEKAES AUTOTRANSPORT S.A. blieb jedoch zu 100% die Volksrepublik Polen. Es wird vermutet, dass die Umwandlung in eine AG vor dem Hintergrund des zu dieser Zeit in Polen von General Jaruzelski ausgerufenen Kriegsrechtes und des Vorgehens des polnischen Staates gegen die Gewerkschaft „Solidarnosc" vollzogen wurde. Auf diese Weise sollte vermieden werden, dass PEKAES-Lastzüge im westlichen Ausland beschlagnahmt werden konnten. Bis 1987 hatte PEKAES das alleinige Monopol im internationalen Straßengüterverkehr Polens inne. Durch eine langsame Liberalisierung wurde es danach theoretisch möglich, dass Transporte in das Ausland auch von Branchen- oder PKS-Unternehmen durchgeführt werden konnten. Tatsächlich blieben solche Verkehre bis 1990 jedoch eine Seltenheit, da nur in dem Fall, dass PEKAES keine Ladekapazitäten mehr frei hatte, ein anderes Unternehmen beauftragt werden konnte. Neben der Zentrale in Warschau verfügte PEKAES Autotransport S.A. über mehrere Standorte in Polen, an denen Teile der Gesamtflotte stationiert waren; etwa in den Städten Blonie, Czechowice, Szczecin oder Slubice.

Während die ersten Magirus- und Pegaso-Lastzüge noch in grüner Farbgebung in Kombination mit grauen Planen gestaltet waren, wurde bereits in den folgenden Jahren das Erscheinungsbild auf die bis heute charakteristischen gelben Fahrerhäuser umgestellt. Bei der Fahrzeuggestaltung setzte PEKAES vorrangig auf ein eher nüchternes Design. So wurde an den Kabinen meist nur an den Türen das Firmensymbol (ähnlich wie bei PKS ein stilisiertes Lenkrad mit Firmenname) angebracht, während die dunkelblauen Planen an den Seiten unbeschriftet blieben. Lediglich auf der Rückseite wurde der Schriftzug „PEKAES Warszawa Transeuropa" bzw. ab 1982 „PEKAES Auto-Transport S.A. Warszawa" sowie die Telefon- und Telex-Nummer angebracht. Allein Koffer- und Kühlfahrzeuge waren zum Teil seitlich mit dem Firmensymbol versehen. Erst ab ca. 1988 wurden auch die Planen-Auflieger teilweise mit einem neu entworfenen Schriftzug gestaltet. Im Zeitraum von 1970 bis 1990 lässt sich eine Konzentration auf vier Lkw-Marken erkennen, nämlich Volvo, Fiat/Iveco, Renault und Mercedes-Benz. Anfang der siebziger Jahre wurden die ersten Volvo F88 und F89 eingekauft; ihnen folgten die Nachfolgemodelle F1225 und F12. Aus Italien schaffte man Fiat-Lkw vom Typ 190 an. Nach Integration von Fiat in die Iveco AG setzte man die Typen Iveco-Fiat Turbo und Iveco TurboStar ein. Renault konnte 1980 mit der Lieferung von 300 Zugmaschinen der Baureihe TR305 sowie dem Nachfolgemodell R340 den Einstieg in das Polengeschäft finden. Von Mercedes wurden vorrangig Modellvarianten der Neuen Generation (Typ 1936 als Sattelzugmaschine, 2236

Dreiachsiger Volvo F 12 von PEKAES Warschau mit Lamberet Kühlkoffer aus französischer Produktion, 1989 im Einsatz in Westdeutschland (Foto: Bernd Regenberg)

NG 1936-Motorwagen für den Transport voluminöser Güter angeschafft.

Im Zuge der sozialistischen Mißwirtschaft wurden die Devisen zur Anschaffung neuer Lastwagen auch bei PEKAES zunehmend knapper. Aus diesem Grunde wurden teilweise auch bis zu sieben Jahre alte Gebrauchtfahrzeuge aufgekauft, die noch solange gefahren wurden, bis die Reparaturkosten den Gewinn überstiegen. Danach wurden die Lastwagen teilweise an PKS-Betriebe veräußert, so dass auch

für Hängerzüge und 1625 für leichte Koffer-Fahrzeuge) eingesetzt. Entsprechend der Monopolstellung der PEKAES musste das Unternehmen eine Bandbreite an Fahrzeugen für verschiedenste Transportzwecke bereitstellen. Zum Großteil bestand der Fuhrpark aus Planen-Sattelzügen und Kühlzügen. Daneben fanden sich aber auch Spezialfahrzeuge, wie etwa Kofferzüge für den Transport von Konfektionswaren, Lebensmittel-Tankzüge oder Autotransporter. Die Aufbauten, Hänger und Auflieger wurden in der Regel ebenfalls von westlichen Produzenten bezogen. Eingesetzt wurden Fabrikate von Kässbohrer, Trailor, Fruehauf, Lamberet, Piacenza (Italien) oder Fourney (Frankreich). Vorrangig setzte PEKAES auf die Verwendung von Sattelzügen. Im Einsatzraum Osteuropa und Naher Osten wurden Kombinationen aus schweren 6x6-Sattelzugmaschinen (bspw. Volvo F12 oder Iveco Turbo und TurboStar) in Kombination mit zwillingsbereiften 2-achsigen Aufliegern von Trailor oder Kässbohrer gefahren, während man in Westeuropa auch mit Zweiachs-Sattelschleppern mit 3-achsigen Aufliegern verkehrte. Hängerzüge setzte PEKAES ebenfalls zunächst ausgerichtet auf schwierige Straßenverhältnisse ein. So wurden dreiachsige Mercedes NG 2236 in Kombination mit zwillingsbereiften Zweiachs-Hängern von Kässbohrer gefahren. Erst Ende der achtziger Jahre wurden kurzgekoppelte Transmaximal-Hängerzüge von Kässbohrer mit Volvo F12- und Mercedes

im nationalen Verkehr Polens sukzessive westliche (allerdings deutlich überalterte) Fahrzeugtypen eingesetzt wurden. Gegen Ende der achtziger Jahre wurde eine Finanzierungsbank eingesetzt, über die westliche Lkw auf Kredit für PEKAES angeschafft werden konnten. Eingekauft wurde dort, wo man die besten Konditionen bekam. Hierdurch lässt sich etwa der Ende der 80er Jahre vollzogene Kauf von Iveco TurboStar und Renault R340 in großen Stückzahlen erklären. Die Fahrzeuge sollten sich nach drei Jahren amortisieren und nach zehn Jahren Einsatz wieder abgestoßen werden. Trotz dieses Plans wurden aus Geldmangel beispielsweise noch 1988 alte Volvo F89-Sattelzüge im Containerverkehr von PEKAES eingesetzt.

Ähnlich wie PKS im Binnenverkehr war PEKAES bis 1990 nur auf die reine Funktion als Frachtführer ausgelegt. Für die Vermittlung von Transporten ins und vom Ausland war die Spedition C. Hartwig mit Hauptsitz in Warschau zuständig und bildete somit den Hauptpartner von PEKAES. Die Spedition Hartwig wurde bereits im Jahr 1858 von Carl Hartwig im damaligen Posen gegründet und ist in der Volksrepublik Polen verstaatlicht worden. Während alle reinen Transportunternehmen im Binnen- und internationalen Verkehr dem Ministerium für Transport unterstellt waren, unterstand Hartwig dem Ministerium für Außenhandel.

Entwicklung von 1989 bis heute

Die arabischen Schriftzeichen an der Stoßstange dieses Iveco TurboStar190-36 mit französischem Trailor-Auflieger zeigen, dass der Lastzug wohl auch im Nahost-Verkehr eingesetzt wurde.

(Foto: Peter Pichl)

Die politische Wende 1989 und die Abkehr vom sozialistischen Wirtschaftssystem hatte für die Organisation und die Entwicklung des polnischen Güterverkehrs weitreichende Folgen. Die planwirtschaftlich festgelegte Bevorzugung der Eisenbahn wurde nun komplett abgeschafft, so dass ein freier Wettbewerb zwischen den Verkehrsträgern stattfinden konnte, dem die marode Staatsbahn nicht gewachsen war und aus dem der Lkw eindeutig als Sieger hervorging. Bereits 1992 wurden 83% aller Güter mit Lastwagen befördert, der Anteil der Bahn hingegen rutschte auf 15 % ab. Innerhalb des Straßengüterverkehrs wurde die bisherige Trennung von Binnen- und Internationalverkehren aufgehoben. PEKAES sah sich somit einer wachsenden Konkurrenz aus dem eigenen Land gegenüber. Die zentralisierte Struktur der PKS-Betriebe wurde aufgehoben und die Organisation in 167 regionale Busgesellschaften und 31 eigenständige Güterfernverkehrsunternehmen zersplittet. Viele PKS-Betriebe erweiterten ihre bisherigen Tätigkeitsfelder im Güterverkehrssegment und begannen damit, sich auch als internationale Frachtführer zu profilieren. Hervorgerufen durch eine Krise in der Bauwirtschaft mussten sich die TRANSBUD-Unternehmen ebenfalls nach neuen Geschäftszweigen umsehen, um im nun marktwirtschaftlichen Verkehrsgewerbe bestehen zu können. Somit sind nun auch Lkw der TRANSBUD häufig auf ausländischen Straßen zu sehen. Die internationale Spedition C. Hartwig erweiterte ihre Struktur und bietet nun Transportleistungen mit einer eigenen Lkw-Flotte an. Neben den bereits vorhandenen staatlichen Betrieben entstanden tausende kleiner Privatunternehmen und Speditionsfirmen, die zum Teil auch über Konzessionen für internationale Verkehre verfügen. Seit 1992 wächst die Industrieproduktion in Polen wieder. Die Rolle Polens als Wirtschaftsführer in Osteuropa begünstigt die Entwicklung eines prosperierenden Güterkraftverkehrsgewerbes.

PEKAES wurde 1991 in eine Holding umgewandelt, unter deren Dach 13 Einzelgesellschaften vereinigt sind, an denen der Staat weiterhin Anteile hält. Während PEKAES vor 1990 nur als reiner Frachtführer im Lkw-Verkehr auftrat, wurde das Angebotsspektrum der neuen Holding nun deutlich erweitert. Mit der neu geschaffenen Gesellschaft PEKAES Multi-Spedytor werden nun auch Speditionsdienste im Lkw-, Luft- und Schiffsverkehr offeriert. Kerngeschäft

Einen Fruehauf Planenauflieger zieht dieser Renault TR 305. Das PEKAES-Fahrzeug war in der polnischen Stadt Kielce zugelassen.

(Foto: Peter Pichl)

Renault R 340 Sattelzugmaschinen mit Hochdach wurden ca. 1988 von PEKAES zu günstigen Konditionen in großer Stückzahl eingekauft. Die Aufnahme zeigt ein solches Fahrzeug mit einem Kässbohrer Planenauflieger. (Foto: Thorsten Ötting)

von PEKAES bleibt jedoch nach wie vor der internationale Gütertransport mit Lastwagen. Im Jahr 1998 bestand der Fuhrpark aus 1.054 eigenen Lkw, die in sechs Standorten in Polen (Warschau, Blonie, Czechwice, Slubice, Szczecin und Srem) stationiert waren. Daneben kann Multi-Spedytor auch auf die Fahrzeuge von anderen Unternehmen zurückgreifen, so dass insgesamt über 2.500 Lastwagen für die Spedition bereitstehen. PEKAES bleibt somit der größte Frachtführer in Polen. Zur PEKAES-Holding zählen des Weiteren eine Auflieger-Vermietung (Unitrail), ein Volvo-Lkw-Händler (ATB Truck), ein Iveco- und Ersatzteilverkauf (Servipol), ein Kurierdienst (Multi-Service) sowie mehrere Zollbüros an den polnischen Außengrenzen. Mit der Gesellschaft PEKAES-Bus konnte zudem der Einstieg in das Geschäftsfeld der internationalen Busreisen erreicht werden. Moderne Mercedes- und Volvo-Reisebusse schaffen Verbindungen zwischen polnischen Großstädten und westeuropäischen Metropolen.

Die Lkw-Betriebe der neuen PEKAES-Holding setzten zunächst weiterhin die aus den 80er Jahren bekannten Fahrzeuge für ihre Verkehre ein. Vor allem die kurz vor der politischen Wende angeschafften Renault R340 und Iveco TurboStar liefen noch mehrere Jahre. Die Umgestaltung der PEKAES wurde jedoch schnell auch im Erscheinungsbild der Lkw sichtbar. Anders als in den Zeiten der Planwirtschaft, wo PEKAES ein Monopol innehatte, war unter marktwirtschaftlichen Gesichtspunkten nun die Gestaltung eines einheitlichen Designs der Lkw wichtig. PEKAES entschied sich hierbei für eine moderne Fahrzeuggestaltung, die auch auf westlichen Straßen auffällt. Anstatt der nüchternen, unbeschrifteten Aufbauten werden nun schwarze Planenaufbauten mit einem dynamischen Muster aus bunten Kreisen und Streifen verwendet. Zunächst wurden die vorhandenen Fahrzeuge mit den neuen Planen ausgestattet. Schon bald konnte auch eine technische Modernisierung des Fuhrparkes vollzogen werden. Neue Fahrzeugtypen wie Renault AE, Iveco EuroTech, Mercedes SK 1838 und Volvo FH12 Globetrotter wurden angeschafft und mit Europlanen-Aufliegern oder Jumboplanen-Tandemhängern kombiniert. Aufbauten und Auflieger werden weiterhin von westlichen Herstellern bzw. deren polnischen Zweigwerken bezogen. Auch Kühl- und Kofferfahrzeuge werden dem neuen Design entsprechend gestaltet. Die Erneuerung der PEKAES-

Das bis 1991 aktuelle PEKAES-Logo trägt der Lamberet Kofferauflieger noch an den Seitenwänden, die Iveco TurboStar 190-36 Zugmaschine hingegen führt das Logo von Autotransport Slubice S.A. auf den Türen. (Foto: Jens Müller)

Flotte wird – wie jüngst durch die Anschaffung von Renault Magnum- und Premium-Fahrzeugen – kontinuierlich fortgesetzt.

Durch die gleiche phonetische Aussprache wurden PEKAES und PKS nach 1989 im Ausland vielmals verwechselt oder gleichgesetzt; selbst in der deutschen Fachpresse wurde dieser Irrtum begangen. Aus Sicht von PEKAES war dies insofern bedenklich, da einzelne PKS-Betriebe zu Beginn der 90er Jahre vielfach mit veralteten Fahrzeugen ihre Verkehre betrieben. Durch Sicherheitsmängel an Bremsen oder Achsaufhängungen der Fahrzeuge gelangte PKS so zu einem berühmt-berüchtigten Ruf bei deutschen Autobahn-Polizisten. Mit der momentan zu erkennenden Modernisierung des Fahrzeugbestandes vieler PKS-Firmen dürfte sich dieser Aspekt mit der Zeit allerdings relativieren.

Neben der PEKAES und den übrigen ehemals staatlichen Transportunternehmen ist der polnische Straßengüterverkehr zunehmend von einer rein privatwirtschaftlich gewachsenen Unternehmensstruktur geprägt. Dieser Unternehmen lassen sich nach der Art ihrer Entstehung in drei Gruppen unterteilen: a) eigenständige polnische Unter-

MAN bleibt bislang eine unterrepräsentierte Marke im Fuhrpark von PEKAES. Das Bild zeigt einen 26.402 Silent aus der F 90-Baureihe als Jumbo-Tandem-Hängerzug mit Aufbauten von Kögel. (Foto: Jens Müller)

In den frühen neunziger Jahren wurden verstärkt neue Volvo F 12 mit Globetrotter-Fahrerhaus beschafft. Der Lamberet Kühlauflieger trägt noch den gegen Ende der achtziger Jahre entwickelten PEKAES-Schriftzug. (Foto: Thorsten Ötting)

Dieser Mercedes 2236 Hängerzug von PEKAES war – ausgestattet mit hochgelegtem Luftfilter und Klimaanlage – vor allem auf den Nahost-Verkehr ausgerichtet. Die Aufnahme zeigt das Fahrzeug nach der optischen Umgestaltung von 1991: die ehemals orangefarbenen Pritschen wurden schwarz lackiert und die blauen Planen durch neu beschriftete ersetzt. (Foto: Thorsten Ötting)

Dieser Renault AE 420 ti Europlanen-Sattelzug wurde mit einer gelben Plane und einer Werbebeschriftung der polnischen Brauerei Piast versehen. Der Auflieger stammt aus dem französischen Fruehauf-Werk. (Foto: Thorsten Ötting)

nehmen, gegründet mit polnischem Kapital, b) Unternehmen, die mit Hilfe ausländischer Investitionen gegründet wurden, und c) Filialen oder Joint Ventures ausländischer Unternehmen.

Von neu gegründeten polnischen Betrieben wurden in den frühen 90er Jahren in erster Linie die aus staatlichen Beständen stammenden Lastkraftwagen aus osteuropäischen Produktion auch im internationalen Verkehr eingesetzt, so dass Jelcz-, Liaz- und Avia-Lkw mit polnischer Zulassung bald zum gewohnten Bild auf deutschen Straßen wurden. Von polnischen Unternehmen wurden auch vielfach die Bestände der aufgelösten Deutrans und der DDR-Kraftverkehre zu günstigen Konditionen aufgekauft. Hinzu kam eine Vielzahl an Gebrauchtfahrzeugen aus westlicher Produktion, wobei insbesondere die Renault R-Baureihe bei den polnischen Spediteuren beliebt war. Mit der zunehmenden Gewinnerwirtschaftung ist bei den nach 1990 neu entstandenen Transportunternehmen derzeit ebenfalls eine deutliche Modernisierung der Fahrzeugflotte zu erkennen. Das polnische Verkehrsministerium geht davon aus, dass heute 60 % der Lkw die EURO-3-Norm erfüllen würden. Die Einschätzung gilt wohl aber nur für den internationalen Verkehr, da im Binnenverkehr gerade in der Landwirtschaft und im Bausektor vielfach ältere Lkw verwendet werden.

Unternehmen, die durch ausländische Investments gegründet wurden, konnten von Beginn an moderne Lastwagen einsetzen. Als Beispiel sei an dieser Stelle die Firma Euroad mit Hauptsitz in Warschau vorgestellt, die 1990 mit Hilfe US-amerikanischer Gelder gegründet wurde. Ab 1992 wurden zunächst Transporte für die Möbelindustrie zwischen Polen und Deutschland durchgeführt, ab 1995 wurde das Speditionsangebot durch ein Netz an Zollagenturen ergänzt. Heute ist Euroad nach eigenen Angaben mit 270 eigenen und weiteren 200 unter Vertrag stehenden Fahrzeugen das größte private Transportunternehmen in Polen (wohlgemerkt nach PEKAES, wo der Staat aber nach wie vor Anteile hält). Euroad setzt moderne Lkw der Typen Mercedes Benz Actros und MAN F2000 ein.

Neben diesen genannten Firmentypen wurden von ausländischen Unternehmen seit 1990 eine Vielzahl an Filialen in Polen gegründet. Die Liste an dieser Stelle ist lang. Stellvertretend kann die Spedition Willi Betz aus Deutschland genannt werden, die durch Gründung der Firma POL-MAT in Warschau und Lodz Niederlassungen in Polen einrichten konnte. Doch nicht nur von westlicher Seite wurden Filialunternehmen in Polen gegründet; auch das ehemals staatliche Transportunternehmen der UdSSR, Sovtransavto, richtete in Warschau eine Filiale mit eigenen modernen Volvo FH12-Lastwagen ein. Ausländischen Unter-

Star 742 Kofferwagen eines privaten Kleinunternehmers aus der Stadt Glogow (Foto. Thorsten Ötting)

Steyr 19 S 38 Europlanen-Sattelzug mit Hochdach-Kabine im Dienst des PKS-Betriebes aus der Stadt Stalowa Wola

(Foto: Thorsten Ötting)

nehmen bot sich zudem die Möglichkeit einer Kooperation mit bereits bestehenden Firmen. Die schwedische Scansped bildete beispielsweise zusammen mit dem ehemals staatlichen Möbeltransport-Unternehmen TRANSMEBLE ein Joint-Venture.

Während westliche Lkw nach der politischen Wende ab 1990 den polnischen Nutzfahrzeugmarkt zunehmend dominieren, fiel der Anteil der heimischen Marken konstant ab. Vor allem im internationalen Verkehr werden zur Zeit fast keine Jelcz- oder Star-Fahrzeuge mehr eingesetzt. Durch eine Vielzahl ausländischer Kooperationen soll die polnische Nutzfahrzeugindustrie wieder zukunftsfähig gemacht werden. Jelcz und Star gehören mittlerweile der 1991 gegründeten Zasada-Industriegruppe an, die mehrere polnische

Nach der politischen Wende in Polen wurden die Lastwagen der einzelnen PKS-Betriebe auch für internationale Fahrten eingesetzt, wie zum Beispiel dieser in der Stadt Opole (Oppeln) zugelassene LIAZ 110 aus CSSR-Produktion. (Foto: Thorsten Ötting)

Mit diesem Jelcz 315 eines Privatunternehmers aus Rzeszów wurden noch 1994 internationale Gütertransporte betrieben. (Foto: Jens Müller)

Auch die staatliche Bautransport-Organisation TRANSBUD fand im internationalen Güterverkehr ein neues Aufgabenfeld. Hier ein moderner Iveco EuroTech 440 E 42 aus Wroclaw (Breslau). (Foto: Thorsten Ötting)

Nutzfahrzeug- und Komponentenhersteller umfasst. In Folge der Übernahme von Star durch die MAN AG im Jahr 1999 werden in den Werken in Starachowice neue Star-Modelle produziert, die an die L- und M-Baureihen von MAN angelehnt sind. Daneben fungiert Star als Teilezulieferer für MAN in Deutschland. Die Jelcz-Werke fertigen weiterhin schwere Lkw, die zum Teil mit Motoren von Iveco oder Mercedes Benz ausgestattet werden. Die Fahrzeuge sind mit modifizierten Kabinen der bekannten 400er Baureihe von Jelcz versehen.

Als Ausblick sei angemerkt, dass davon ausgegangen werden kann, dass durch den polnischen EU-Beitritt der Warenaustausch und somit auch der Lkw-Verkehr zwischen Westeuropa und Polen an Dynamik gewinnen wird. Was dies für die Entwicklung des polnischen Speditionsgewerbes bedeutet, ist noch nicht abzusehen. Während im Westen die Befürchtungen groß sind, dass verstärkt Billiganbieter aus Polen auf den Markt drängen, gehen die polnischen Unternehmen von höheren Investitionskosten für Fahrzeuge aus, um den EU-Richtlinien entsprechen zu können. Für große Unternehmen wie PEKAES oder Euroad dürfte dies kein Problem sein. Jedoch scheint es absehbar, dass viele der kleinen Unternehmer diesen Vorgaben auf Dauer nicht standhalten können.

Lastwagen aus den Beständen der DDR-Kraftverkehre und der Deutrans konnten – wie dieser LIAZ 100 Koffer-Hängerzug mit Budamobil-Aufbauten – an polnische Transportfirmen verkauft werden. (Foto: Oliver Böhme)

Neben vielen anderen westlichen Unternehmen konnte auch die Spedition Willi Betz aus Reutlingen mit der Gründung der Firma POL-MAT eine Niederlassung in Polen einrichten. Das Foto zeigt eine Mercedes 2235 Zugmaschine von POL-MAT, die mit einem Schmitz Planenauflieger von Betz kombiniert ist. Die Zugmaschine stammt ursprünglich aus dem ehemals staatlichen bulgarischen Transportunternehmen SOMAT, das von Willi Betz mittlerweile komplett übernommen wurde. (Foto: Thorsten Ötting)

Literaturauswahl

Bohle, Dorothee: Zwischen lokaler Anarchie und globalen Netzen: Transformationsprozesse im polnischen Straßengüterverkehr. Wissenschaftszentrum Berlin 1997.

Worldbank (Hrsg.): Reforming and Privatizing Poland's Road Freight Industry. New York 1991.

Verschiedene Ausgaben von lastauto omnibus, Internationales Verkehrswesen, Deutsche Verkehrszeitung.

Ich danke allen genannten Bildautoren für die freundliche Bereitstellung ihrer Aufnahmen.

Geschichte der polnischen Nutzfahrzeugindustrie

Star 20

STAR – Fabryka Samochodów Ciezarowych Starachowice

Vor dem zweiten Weltkrieg gab es in Polen keine eigenständige Automobilindustrie, abgesehen von einigen Karosseriewerkstätten und Montagebetrieben, die nach ausländischen Lizenzen (z.B. Fiat) Personen- und Lastwagen zusammenbauten. So stand das Land in Bezug auf die Kraftfahrzeugdichte mit statistischen 1043 Einwohnern pro Kraftfahrzeug an letzter Stelle in Europa. Nach Ende des Krieges waren nur noch Wracks oder überbeanspruchte Fahrzeuge ohne verfügbare Ersatzteile vorhanden. Den größten Teil des Fuhrparks stellten von der Wehrmacht zurückgelassene Kraftwagen und ehemalige Militärfahrzeuge aus dem Kontingent der alliierten Truppen. 1948 werden im Rahmen von Kompensationsverträgen 2200 Automobile eingeführt, darunter Lastwagen, Lieferwagen und Sanitätsfahrzeuge von Renault und 1- bis 3-Tonner-Elektrowagen ebenfalls aus französischer Herkunft. Aus der Sowjetunion kommen 2-4 Tonner der Marke ZIS und aus Italien 400 Fernverkehrslastzüge der Typen Fiat 626 RN und Fiat 666 N 7, die für die staatliche PKS bestimmt sind.

Eine eigenständige polnische Automobilindustrie startet erst zum Ende der vierziger Jahre. Das Technische Zentralbüro der Metallindustrie mit den Konstrukteuren Jan und Jerzy Werner, Mieczyslaw Debicki und Bronislaw Mrozowski entwickelt einen Lastwagen mit Sechszylinder-Motor und 85 PS für bis zu 4 Tonnen Tragfähigkeit. Erste Prototypen werden im Juni 1948 in den Ursus Traktorenwerken, wo schon vor dem Kriege Lastwagen italienischer Herkunft montiert wurden, hergestellt und Leistungsprüfungen unterzogen. Die Serienfertigung soll in den Staatlichen Werken in Starachowice anlaufen, wo bereits Anhän-

Star 27

Star 660 M, ein Militärmodell, das 1979 für den Besuch von Papst Johannes-Paul II zur Verfügung gestellt wurde

sen. Bis 1957 werden etwa 50000 Exemplare des Star 20 gebaut, als das Nachfolgemodell Star 21 ihn mit verstärkter Nutzlast von 4 t ablöst. Die Baureihe Star 25 von 1959 bekommt einen 95 PS-Benzin-Motor. Als Programmerweiterung erscheint im gleichen Jahr der Star 66, ein allradgetriebener Dreiachs-Geländewagen, der vor allem für militärische Zwecke bestimmt ist.

ger hergestellt werden. Das erste Serienmodell ist der Star 20, ein Frontlenker mit 4,2 Liter Reihen-Sechszylinder-Vergasermotor und 85 PS. Die Nutzlast beträgt bis zu 3,5 t. Aus dem Grundmodell entwickelt sich in der Folgezeit eine ganze Familie mit dem C 60 Sattelschlepper, dem 3t-Kipper W 14 und einer Vielzahl von Sonderfahrzeugen wie Feuerwehrfahrgestellen, Tankwagen und Bus-

Star 244 RS mit Allradantrieb für landwirtschaftliche Bedürfnisse

Jelcz 003 Löschfahrzeug mit 105 PS-Vergasermotor auf Basis des Star A 26 P

Der Siegeszug des Dieselmotors beginnt bei Star im Jahre 1961. Der neue Typ 27, der sich vom Vorgänger optisch nicht unterscheidet, besitzt einen Direkteinspritzer mit 100 PS. Dieselbe Maschine findet auch Eingang in den 1968 erscheinenden Star 28. Durch technische Weiterentwicklung wird das Grundkonzept weitergeführt in einem 150

PS leistenden Direkteinspritzer-Diesel, der 1973 vorgestellt wird. Gleichzeitig arbeitet man in Starachowice an einer komplett neuen Baureihe, der Serie 200. Für dieses 1974 präsentierte Standardmodell der kommenden Jahre kooperieren die Polen mit ausländischen Konstrukteuren. So entwickelte bereits die französische Karosseriebaufirma Chausson die Technologie für die Frontlenker-Kabine, die vom Vorgängermodell 28 übernommen wird. Weitere Lizenzen wurden im Westen eingekauft, so für die Getriebe von ZF, die Einspritzanlage von Friedman-Maier und für die Bremsen von Westinghouse. An die Seite des hinterradgetriebenen Star 200 mit einer Nutzlast von 6 t treten in der Folgezeit der Allradwagen Star 244 und der 6x6-Dreiachser Star 266, sowie der Sattelschlepper C 200 und eine große Zahl von Spezialaufbauten. Die Kabinen der Reihe 200 werden übrigens auch

Star 28 mit 100 PS Diesel

Star 742 mit polnischem Andoria 4 Zylinder-Reihendiesel nach Perkins-Lizenz

Star 200 mit 150 PS-Direkteinspritzer-Diesel

Star 266 Allrad-Geländewagen mit 150 PS-Diesel

Jelcz 315 E von 1969 mit 200 PS-Leyland-Diesel

nach Ungarn geliefert und komplettieren dort Csepel-Lastwagen.

Aufgrund der ungünstigen Wirtschaftslage in Polen verzögern sich Weiterentwicklungen der Star-Lastwagen immer wieder. Erst 1984 gibt es bei den neuvorgestellten Modellen 1142 und 1144 ein kippbares Frontlenker-Fahrerhaus und die lang erwartete Vierzylinder-Ausführung für den innerstädtischen Verteilerverkehr. Den Typ 742 kann Star erst 1986 vorstellen. Heute ist das Werk in Starachowice in den MAN-Verbund eingegliedert und stellt mit MAN-Komponenten leichte Lastwagen her.

JELCZ – Jelczanskie Zaklady Samochodowe

Mit der Einführung des Star besitzt die polnische Transportwirtschaft endlich ein heimisch produziertes Fahrzeug. Noch aber fehlt ein Lastwagen mit höherer Nutzlast für den Verkehr über längere Strecken. So wird ein Konstruktionsbüro beauftragt, ein solches Fahrzeug zu entwerfen. Die 1952 anfangenden Bemühungen resultieren erst 1960 in einem serienfertigen Produkt, dem 8 t- Lastwagen Zubr A 80. Gefertigt wird er in einem ehemals zum Krupp-Konzern gehörenden Betrieb in dem Ort Jelcz in der Nähe von Breslau (Wroclaw). Der Sechszylinder-Diesel des Zubr leistet anfänglich 92 kW, später 110 kW. Das abgerundete Frontlenker-Fahrerhaus des Zubr wird weitgehend unverändert übernommen, als 1966 der erste Lastwagen unter dem Markennamen

Jelcz 3W 317-821 Dreiseitenkipper von 1977 mit modernisiertem Fahrerhaus und Aufbau von SHL in Kielce

Jelcz erscheint, der Typ 315 mit einem nach Leyland-Lizenz gefertigten Sechszylinder-Diesel. Der Motor SW 680/1 hat einen Hubraum von 11,1 Liter und leistet 200 PS.

Ein neues kubisches Fahrerhaus kommt 1970, zunächst aber nur für den Dreiachser 316, der denselben 200 PS-Leyland-Diesel aufweist wie der 315, aber für 10 t Nutzlast ausgelegt ist. Erst ein Jahr später kommt auch der zweiachsige 315 in den Genuss der neuen Kabine, wobei Seitenpartie und Türen identisch sind mit dem Vorgängermodell. Im Rahmen der Kostenminimierung stammen Scheinwerfer und Blinkleuchten aus dem Regal der Polski-Fiat Personenwagen-Produktion. Im Sattelschlepper 317 D wird die Motorleistung durch Turboaufladung auf 240 PS gebracht.

Jelcz S 420 von 1980 mit Kippkabine

Moderner Jelcz P 422 K aus dem Modelljahr 2001, wahlweise mit Mielec- oder Iveco-Diesel

Ende der siebziger Jahre wird die Produktion der neuen Baureihe 600 aufgenommen, die in enger Zusammenarbeit mit dem österreichischen Unternehmen Steyr-Daimler-Puch entwickelt wurde. Die Nutzlast der Dreiachser beträgt zwischen 10 und 18 t. Endlich kommt auch eine kippbare Kabine zum Einsatz. Bei einer Familienähnlichkeit im Design unterscheiden sich die Modelle mit Kippkabine durch die in der Stoßstange platzierten Scheinwerfer. Geblieben ist allerdings der inzwischen in die Jahre gekommene Leyland 200 PS-Diesel. Durch Aufladung erreicht man so-

Jelcz S 416 in 6x2-Ausführung als Fernverkehrswagen

(Foto:Regenberg)

Jelcz 3W 640-825 mit Dreiseitenkipper von SHL, Kielce

gar 240 PS für die Sattelschlepperversionen. Der Dreiachs-Baureihe folgt die Serie 400 in Zweiachs- bzw. 6x2-Ausführungen mit gleicher Kabine und gleicher Motorisierung.

Heute hat die Firma Jelcz größte Schwierigkeiten, sich in einem offenen Nutzfahrzeugmarkt mit ihren Produkten gegen die internationale Großserienkonkurrenz zu behaupten. So werden in die Fernverkehrswagen neben den aus der Leyland-Lizenz weiterentwickelten einheimischen Mielec-Motoren auch Antriebseinheiten von Iveco oder Detroit Diesel angeboten.

Zuk A 07 der zweiten Baureihe aus den siebziger Jahren im Einsatz in Ungarn (Foto:Regenberg)

Zuk A 14 Feuerwehrwagen mit 70 PS für 5 Mann Besatzung

LUBLIN / ZUK – Fabryka Samochodow w Lublinie, Lublin

Die im Krieg zerstörten Kraftfahrzeugteile-Werke in Lublin werden bald wieder aufgebaut und in die polnische Nutzfahrzeugproduktion integriert. Vor allem durch die Hilfe des „großen Bruders" Sowjetunion gelingt es schon 1951, eine erste Neufertigung aufzuziehen. Von den Bändern in Lublin läuft eine unveränderte Kopie des russischen Lastwagens GAZ 51, der unter der Markenbezeichnung „Lublin" ausgeliefert wird. Bis 1959 wird der antiquierte, nach dem Vorbild amerikanischer Weltkrieg

II-Fahrzeuge konzipierte Haubenwagen in Lublin gefertigt.

Als Ersatz für die Lkw-Herstellung entwickeln die Lubliner Konstrukteure einen neuen, modern gestylten Eintonner-Lieferwagen unter der Bezeichnung „Zuk". Als Antriebseinheit dient ein ebenfalls aus der Sowjetunion stammender Vergasermotor, der ansonsten die russische M 20 Pobjeda-Limousine „beflügelte". Die untengesteuerte Maschine holt aus 2120 ccm Hubraum magere 50 PS. Inzwischen haben aber polnische Techniker das russische Ausgangsprodukt für die eigengefertigte Warszawa-Limousine einer Leistungskur unterzogen, nach der der jetzt obengesteuerte Viertakter bei gleichem Hubraum 70 PS entwickelt. Zunächst wahlweise kommt dieser Motor auch im Zuk zum Einsatz, wird aber nach kurzer Zeit zur Standardmotorisierung. Die 70 PS-Maschine wird auch weitergeführt im Ende der siebziger Jahre vorgestellten optisch überarbeiteten und formal geglätteten Nachfolge-Modell.

Nysa C 501 Kühlwagen von 1966

Heute produziert das Werk wieder unter dem Namen „Lublin" und stellt unter dem Dach des südkoreanischen Daewoo-Konzerns modern gestylte Lieferwagen her, die sich auch im Export gut verkaufen lassen.

Nysa – Zaklady Budowy Nadwozi Samochodowych, Nysa

Die Limousine Warszawa bildet mit obengesteuertem 70 PS-Vergaser-Motor und Fahrgestellelementen auch die Grundlage für einen zweiten Lieferwagentyp, der ab 1958 in Nysa (ehemals Neiße) gefertigt wird, den Nysa N 59, ab 1964 unter der Typbezeichnung 501. Er kann 750 kg Nutzlast transportieren bzw. in der Busversion bis zu 12 Personen. Den 501 gibt es in einer Vielzahl von Varianten, u.a. auch serienmäßig als Krankenwagen ausgerüstet oder als Kühlwagen mit 10 cm dicken isolierenden Plastikschichten im Inneren des Wagenkastens. Ein separater Trockeneis-Container ist an der Vorderwand des Laderaums installiert. Trotz der Einbauten sind beim Kühlwagen 501 noch 700 kg Nutzlast übrig.

Während der Typ 501 mit den modischen um die Seitenkanten herumgezogenen Panoramascheiben und dem großen „Fischmaul" stilistisch noch nicht ganz ausgewogen erscheint, ist der Nachfolger 521 optisch schon so gelungen, dass man Exporte in westeuropäische Länder wagt. Sogar in der „Höhle des Löwen", in der mit Transportermodellen nicht gerade arm ausgestatteten Bundesrepublik Deutschland verkauft ein rühriger Importeur aus Gießen den Nysa 521. Hauptargument ist dabei der Verkaufspreis (6690 DM für den komplett ausgestatteten Kastenwagen im Jahre 1973). Zu den geschlossenen Versionen ist inzwischen ein 1 Tonner-Pritschenwagen mit Holzbordwänden hinzugekommen. Unter der kurzen Haube

Nysa 521 Eintonner-Kastenwagen mit Schiebetür

Tarpan 233 Standard mit Polski-Fiat-Vergasermotor

des 521 arbeitet immer noch der bekannte massive 2,1 Liter-Vergasermotor aus dem Warszawa, der in deutschen Prospekten mit einer Maximalleistung von 67 PS angegeben wird. Den Rahmen des Transporters bilden stabile Vierkantstahlrohre, mit denen die Ganzstahlkarosserie verschraubt ist. 1977 wird der Nysa-Transporter modernisiert und Komponenten aus der Polski-Fiat-Produktion halten Einzug. Das äußere Bild bleibt hingegen weitgehend unverändert.

Tarpan – FSR, Poznan

Eigentlich sollte der Tarpan den volkseigenen landwirtschaftlichen Großbetrieben als vielseitig einsetzbares robustes Transportmittel dienen und wird daher auch seit 1974 in der Fabrik für Landwirtschaftsfahrzeuge in Poznan (Posen) auf Band gelegt. Der Eintonner in traditioneller Haubenwagen-Konzeption stellt eigentlich eine Mischung aus Pickup und Geländewagen dar. Während der Motor aus dem Pkw-Bereich stammt, zunächst vom Warszawa, später vom FSO Polski-Fiat, ist die Rahmenstruktur eindeutig nutzfahrzeuggemäß. Ab 1984 geht der Rahmen sogar als völlig verzinkte Einheit in Serie, wobei Erfahrungen aus dem Bau von leichten Pkw-Anhängern übertragen wurden. Dem Nutzfahrzeugcharakter widerspricht allerdings die Wahl eines Vergasermotors. Eine Diesel-Ausführung wird zwar schon 1983 vorgestellt, doch die Serienfertigung des Tarpan 239 D mit Diesel-Maschine läuft erst zum Ende der achtziger Jahre an. Der Ursus-Diesel mit drei Zylindern wird nach einer Lizenz von Perkins gefertigt und findet auch Verwendung in Ursus-Traktoren.

Der Tarpan wird sowohl mit Hinterradantrieb als auch in Allradversion angeboten. Standard-Aufbau und meistgefertigte Ausführung ist ein Rollwand-Kombi. Als weitere Varianten gibt es den Pickup, wahlweise auch mit GFK-Hardtop über dem Pickup-Teil und den Pritschenwagen mit Spriegel und Plane. Für alle Versionen wird die Nutzlast mit einer Tonne angegeben.

Die Fotos sind – wenn nicht anders angegeben – Werkbilder der Herstellerfirmen bzw. der Außenhandelsorganisation Pol-Mot.

Tarpan 239 D Diesel

(Foto:Regenberg)

Eine saubere Sache

Die Fahrzeuge der Stadtreinigung Leipzig

Von Kai Agthe

Wie wichtig sie ist, wird uns gewöhnlich erst klar, wenn sie einmal ausbleibt: die Müllabfuhr. Die kommunalen Entsorgungsbetriebe leisten einen ebenso stillen wie unverzichtbaren Beitrag zur Sauberkeit unserer Städte, mithin zum allgemeinen Wohlgefühl. Die „Müllkutscher" – wie sie heute noch im sächsisch-thüringischen Raum gern genannt werden – verfügen, im Gegensatz zu der archaischen Bezeichnung des Volksmunds, über moderne und oft sehr spezielle Fahrzeugtechnik. Das soll im Folgenden anhand des Wagenparks der Stadtreinigung Leipzig exemplarisch veranschaulicht werden. Mag sich die Fahrzeugflotte kaum von anderen großstädtischen Stadtreinigungen unterscheiden (hier wie dort sind vor allem Mercedes und MAN im Einsatz), so verfügt der Fuhrpark in Leipzig über eine Besonderheit: mehr als 30 Steyr-Kommunalfahrzeuge sind im Leipziger Stadtgebiet unterwegs. Das dürfte in der Bundesrepublik, so weit sich sehen lässt, eine einzigartige Zahl sein.

Krupp LD 6,5 N 242 Müllwagen aus den dreißiger Jahren

Die Stadtreinigung in Leipzig, die bis ins 19. Jahrhundert innerhalb der Stadtverwaltung immer wieder unterschiedlichen Behörden unterstellt war, wurde erst im Jahre 1906 als „städtisches Reinigungsamt" eigenständig. Nach Gründung der DDR 1949 firmierte die Stadtreinigung zunächst als Teilbereich des Kommunal-Wirtschaftsunternehmens, um im April 1951 ein selbständiger Volkseigener Betrieb (VEB) mit 810 Beschäftigten zu werden. Die Mitarbeiterzahl blieb bis in die achtziger Jahre nahezu unverändert und betrug etwa 1984 genau 825 Personen. Im Zuge der Anpassung an marktwirtschaftliche Strukturen kam es nach 1990 nicht zu einer Verringerung der Beschäftigtenzahl, sondern – durch einen erheblich erweiterten Dienstleistungsbereich sowie die vor kurzem erfolgte Eingliederung des städtischen Grünflächenamtes – zu einem Anstieg auf rund 1000 Mitarbeiter.

Im Frühjahr 2001 konnte das Unternehmen, zu dem rund 360 Fahrzeuge gehören, einen neuen Betriebshof beziehen, der – im Nordosten der Halbmillionenstadt gelegen – über ein großes Verwaltungsgebäude, ausreichend Stellfläche und eine zwölf Zufahrten umfassende Zentralwerkstatt verfügt. Empfangen wird der Besucher auf dem Grundstück in der Geithainer Straße 60 zunächst mit einer pfiffigen Ausstellung unter freiem Himmel, die über den Müll und unseren Umgang mit ihm informiert. Zu der Schau gehört u.a. ein gläserner Pressmüllaufbau, der die

Mülltonnentransporter auf batteriegetriebenem Elektrofahrgestell aus der Vorkriegszeit

Funktionsweise eines Müllfahrzeugs anschaulich erklärt und im ersten Leben von einem Mercedes getragen wurde.

Müllfahrzeuge

Stadtreinigung heißt zuerst und vor allem Müllentsorgung. Das älteste Bildzeugnis eines Müllfahrzeugs, das sich vom Fuhrpark der Stadtwirtschaft Leipzig erhalten hat (sieht man einmal von diversen Kleinkehrichtwagen ab), datiert erst aus den frühen fünfziger Jahren, zeigt aber einen bereits in den dreißiger Jahren in Dienst gestellten und von seiner langen Dienstzeit sichtlich gezeichneten Krupp-Müllwagen. Indiz für das relativ späte Aufnahmedatum ist die schemenhaft zu erkennende Türaufschrift „VEB (Volkseigener Betrieb) Stadtreinigung", in den das städtische Unternehmen, wie oben erwähnt, erst 1951 umgewandelt wurde. Eine erste Neuanschaffung in den frühen Jahren der 1949 gegründeten DDR war ein Westimport, ein zeitlos schönes Mercedes-

Kleiner Kehrrichtwagen mit Elektroantrieb aus den dreißiger Jahren. Gelenkt wird mit den Füßen über eine Standplatte an der Front.

Müllfahrzeug der LP-Serie (um 1955 aufgenommen). Leider konnte nicht ermittelt werden, wie viele Exemplare dieses Typs seinerzeit an der Pleiße unterwegs waren. Weitere Müllfahrzeuge westdeutscher Hersteller komplettierten im ersten Nachkriegsjahrzehnt den Fuhrpark der Sachsen.

Das Standardfahrzeug aller kommunalen Müllentsorger von der Ostsee bis zum Erzgebirge waren – beginnend in den sechziger Jahren – die zweiachsigen Müllfahrzeuge des tschechischen Typs Skoda-Liaz RTK/BOBR, die u.a.

Auch zu Propagandazwecken wurden die Müllwagen in der DDR „genutzt". In der Einschüttöffnung liegt „Adenauer", der zusammen mit „Schumann und Konsorten" zu den „Kriegshetzern" zählt. Das Kennzeichens mit SL (= Sowjetische Besatzungszone Leipzig) fand zwischen 1948 und 1953 Verwendung, bevor die späteren DDR-Kennzeichen eingeführt wurden.

Müllwagen der im sächsischen Werdau gefertigten Haubenfahrzeuge H 3 und H 6 ersetzten. Die Abbildungen aus einer in den achtziger Jahren angelegten Fotodokumentation der Leipziger Stadtreinigung zeigen u.a. die Wagen Nr. 243 auf einer „Geordneten Deponie" sowie die nagelneuen Skoda-Lkw Nr. 239 und 254 bei der eigens für den Fotografen in Szene gesetzten Leerung von 110-Liter-Hausmüllkübeln in der sächsischen Großstadt. Deutlich lassen sich bei diesem Typ zwei Generationen unterscheiden: Die älteren Skoda-RTK-Müllfahrzeuge hatten eine Komplettverkleidung (wie auf der s/w-Abbildung bei Wagen Nr. 211 zu sehen); bei den jüngeren Zweiachsern dagegen lag das Fahrgestell – wie auf den Farbaufnahmen erkennbar ist – frei, was die Erreichbarkeit des Fahrgestells erheblich vereinfachte.

Für die Sperrmüllentsorgung standen – da es an leistungsstarken Pressmüllfahrzeugen mangelte – vor allem W 50 LKC zur Verfügung. Die schienengeführten und mittels Seilwinde auf- und abzusetzenden Abrollcontai-

Westimport: ein Mercedes Müllwagen der LP-Baureihe aus den fünfziger Jahren

Aus DDR-Produktion: schwerer H 6 Müllwagen

ner konnten wahlweise vier bzw. sechs Kubikmeter fassen Wagen Nr. 561). Weitere typische Entsorgungsfahrzeuge der DDR waren der Kranmüllwagen W 50 LLC, der zweimal vier Hausmüllcontainer aufnehmen und diese mittels einer Hydraulikvorrichtung beidseitig entleeren konnte (derartige Aufbauten finden sich in Leipzig noch auf Mercedes-Lkw), sowie der W 50-Rollkipper (als Nachfolger von Rollkippern auf Basis des S 4000 bzw. H 3), die ausschließlich der Leerung von Futtertonnen (Bioabfälle) dienten. Die vorliegende Aufnahme zeigt einen W 50-Abrollkipper mit Langfahrerhaus (Wagen Nr. 162) und einer Halterung zum gleichzeitigen Entleeren von zwei 110-Liter-Hausmülltonnen im Neubaugebiet Grünau (im Südwesten Leipzigs), dessen Baubeginn ins Jahr 1974 zurückgeht und in dem im Wendejahr 1989 allein 100.000 Menschen lebten.

Trotz der in der DDR vorhandenen Fahrzeugtechnik blieb die Müllentsorgung eine recht beschwerliche Tätigkeit. So mussten die Hausmülltonnen, die über keine Rollen, wohl aber über ein hohes Eigengewicht verfügten, durch die „Müllkutscher" kunstvoll zu den Fahrzeugen bewegt werden, indem eine Hand den in den Deckel gestanzten Knauf hielt und die Tonne lenkte, während die andere den schräg gestellten Behälter durch Drehungen vorwärts führte. Die dadurch bedingte Belastung (Bordkanten etc.) führte zur schnellen Ermüdung des Materials, so dass die Lebenszeit von DDR-Mülltonnen bemessen, Ersatz aber nicht leicht zu beschaffen war.

Auch die Firmengeschichte des Unternehmens (Bucher-)Schörling aus Hannover, die Dieter Hase-

Das letzte vor dem Kriege bei Krupp neuentwickelte Modell, das nur noch in wenigen Exemplaren ausgeliefert wurde, ein LD 3 H 62 mit 80 PS-Diesel

Skoda 706 RO aus den frühen fünfziger Jahren mit einer aus dem Omnibusbau übernommenen Frontgestaltung

selten anzutreffenden Skoda 6x2 mit Nachlaufachse fertigte. Unsere Farbaufnahme zeigt Wagen Nr. 267 im Neubaugebiet Leipzig-Schönefeld. Dieser Spezialaufbau diente der Müllaufnahme aus 1,1-Kubikmeter-Müllgroßbehältern, die, beginnend im Jahre 1970, vor allem in Großstädten der DDR zum Einsatz kamen, um die Zahl der 110-Liter-Hausmülltonnen zu reduzieren.

mann im „Lastwagen-Jahrbuch" 1999 rekonstruierte, kann dank des vorliegenden Bildmaterials ergänzt werden. War der Artikel über den Hersteller für Kommunalfahrzeugaufbauten u.a. mit Abbildungen eines Hochleistungssaugfahrzeugs „Multivac" und eines (im Aussehen stark veränderten) Oberleitungsmontagefahrzeugs auf Basis eines Skoda-Liaz-Fahrgestells illustriert (vgl. Lastwagen-Jahrbuch 1999, S.73/74), so zeigt das Archiv der Stadtreinigung Leipzig, dass Schörling auch Pressmüllaufbauten für den höchst

Zu den jüngsten Anschaffungen, um nur einen kleinen Einblick zu geben, gehören in Leipzig zwei- und dreiachsige MAN mit konventionellem Diesel- und Erdgasantrieb. Ihre umweltfreundliche Fortbewegungsart steht den gasbetriebenen Müllwagen unübersehbar auf den Flanken geschrieben, wie anhand von Wagen Nr. 223, ein MAN 19.233 mit Rotopress-Aufbau von Faun, gezeigt werden kann. Das Gros der Leipziger MAN-Flotte bilden gegenwärtig dreiachsige Fahrzeuge des Typs 26.272 mit Langfahrerhaus. Fer-

Seltenes Fahrzeug: dreiachsiger Skoda-LIAZ 6x2 mit Aufbau des westdeutschen Unternehmens Schörling unterwegs im Neubaugebiet Leipzig-Schönefeld

Eigens für den Fotografen in Szene gesetzt: neues Skoda Müllfahrzeug Nr. 239 im Leipziger Stadtgebiet. Für die „Müllkutscher" gab es sogar neue Arbeitsanzüge!

IFA W 50 mit Langfahrerhaus im Neubaugebiet Leipzig –Grünau. Diese Fahrzeuge dienten ausschließlich zum Sammeln von Bioabfällen.

ner erweitern mehrere Mercedes Econic, diese rollenden Fahrerraumwunder, und ein einzelner Iveco 270 den Bestand an Müllfahrzeugen.

Mit dem Jahr 2001 hatte auch das bekannte und lange Jahrzehnte gültige Logo der Leipziger Stadtreinigung ausgedient: Das stilisierte weiße „St" auf schwarzem Grund musste einem betont modernen Firmensignet weichen. Mag es von einiger Entfernung auch wie eine willkürliche Strichzeichnung auf orangefarbenem Grund erscheinen, so gibt es sich aus der Nähe als subtile Ansammlung von ineinander verschachtelten Gegenständen zu erkennen, die in jeder Hausmülltonne zu finden sind. Ergänzt wird die Darstellung durch den Schriftzug „Stadtreinigung Leipzig".

Bei der Sperrmüllsammlung kam der IFA W 50 LKC zum Einsatz, der mittels Seilwinde Abrollcontainer mit einem Fassungsvermögen von 4-6 cbm schulterte.

Betagter W 50 zum Transport von Großmüllbehältern, die in Neubaugebieten eingesetzt wurden, beim Entleeren auf einer geordneten Deponie.

Multicar mit Hubvorrichtung zum seitlichen Aufnehmen und Entleeren von Blechpapierkörben beim Einsatz in der Leipziger Innenstadt, aber noch ohne amtliches Kennzeichen!

Sprüh- und Sprengfahrzeuge

Stadtreinigung heißt aber nicht allein Müllentsorgung, sondern auch Säuberung von Straßen, Plätzen und Wegen. Eines der ersten Sprüh- und Sprengfahrzeuge in Leipzig war ein Benz-Gaggenau mit Kettenantrieb, der schon 1924 bei seiner sommerlichen Verrichtung im Bild festgehalten wurde. Nur wenige Jahre später (um 1930)

Auch das der Umwelt zuliebe: MAN-Fahrzeuge mit Erdgasantrieb wie dieser 19.233 gehören seit jüngstem zum Fuhrpark der Leipziger Stadtreinigung.

Einer der letzten explizit als Wasch- und Sprengfahrzeug genutzten Lastwagen der Leipziger Stadtreinigung war der zweiachsige Skoda-Liaz RTH, der sieben Kubikmeter Wasser fassen konnte. Die Farbaufnahme zeigt das Fahrzeug Nr. 52 bei einer Reinigungsarbeit vor dem Neuen Rathaus der Messestadt; und eine weitere s/w-Abbildung einen fabrikneuen Skoda RTH (Nr. 59) bei seiner Indienststellung in Leipzig in den siebziger Jahren. Dessen Vorgänger aus den sechziger Jahren (hier Wagen Nr. 35) ist an der horizontal am Kühlergrill angebrachten Zierleiste erkennbar. Dank verbesserter Technologie sind reine Spreng- und Sprühfahrzeuge überflüssig geworden. Diesen Dienst übernehmen in Leipzig heute z.B. Meiller-An-

waren in den Straßen der prosperierenden Industriestadt bereits ein Sprengfahrzeug mit Elektroantrieb und ein Vomag-Sprühfahrzeug unterwegs. Wie die Türaufschriften „VEB Stadtreinigung" unzweideutig erkennen lassen, waren diese Fahrzeuge aus den zwanziger und dreißiger Jahren – ähnlich wie das oben erwähnte Krupp-Müllfahrzeug – noch in den ersten DDR-Jahren im Einsatz.

Kleinstsprengwagen mit Elektroantrieb aus den Dreißigern, aufgenommen Mitte der fünfziger Jahre

Ein Benz-Gaggenau Sprengfahrzeug mit Kettenantrieb im sommerlichen Leipzig des Jahres 1924.

Für die Reinigung schwer zugänglicher Innenstadtbereiche diente ein Kleinstfahrzeug aus Waltershausen, ein Multicar M 25 Druckspülwagen

Fabrikneues (um 1970) Sprüh- und Sprengfahrzeug des Typs LIAZ-Skoda RTH

Skoda-LIAZ RTH Spreng- und Sprühfahrzeug bei seiner sommerlichen Tätigkeit vor dem Neuen Rathaus zu Leipzig.

hänger mit entsprechenden Behältnissen auf Abrollcontainer-Aufbauten.

Kehrmaschinen und Sonderfahrzeuge

Auch die Geschichte der mechanisierten Straßenreinigung begann in Leipzig in den frühen zwanziger Jahren. Am Anfang stand eine einfache holzbereifte Kehrwalze für Pferdebetrieb. Ein Jahrzehnt später reinigten dreirädrige Krupp- und Daimler-Benz-Kehrmaschinen (um 1930) sowie elektrogetriebene Straßenwaschwalzen (um 1928) die Leipziger Verkehrswege, sammelten kleine Elektrokarren in der Messestadt den anfallenden Kehricht. Um 1955 drehte auch die dreirädrige Faun-Besenbandkehrmaschine AK 3 (1949) ihre Runden in der sächsischen Metropole. Diese Faun-Kehrmaschine und das Müllfahrzeug auf Basis des LP-Mercedes zeigen, dass die DDR in Ermangelung eigener Technologie in den fünfziger Jahren zunächst zu nicht geringen Teilen auf westdeutsche Kommunalfahrzeugtechnik angewiesen war, um die ostdeutschen Städte sauber zu halten.

Eines der ersten Straßenreinigungsfahrzeuge aus DDR-Produktion war in den Fünfzigern die selbstaufnehmende Kehrmaschine auf Basis des S 4000 aus Werdau (Sachsen) mit Spezifa-Aufbau. Wir zeigen Wagen Nr. 13 auf dem alten Betriebshof und das Fahrzeug Nr. 22 vor dem Leipziger Opernhaus am ehemaligen Karl-Marx- und heutigen Augustusplatz. In späteren Jahren gehörten vor allem W 50-Kehrmaschinen des Typs 21 D zum (Leipziger) Stadtbild. Stellvertretend dafür ist Wagen Nr. 16 (vor dem Neuen Rathaus) und Wagen Nr. 37 (mit Hochbordtellerbesen und Laubsaugeinrichtung) zu sehen. Die letzte Neuerung im Bereich der Kommunalfahrzeugtechnik war die Kehrmaschine KM 2301 (im Bild Wagen Nr. 20 sowie als Ausstellungsstück auf der Leipziger Herbstmesse des Jahres 1981), die, Anfang der achtziger Jahre sukzessive eingeführt, ein ansprechendes Design aufwies, aber letztlich nur eine Modifikation der W 50-Kehrma-

Vomag Sprüh- und Sprengfahrzeug aus den frühen dreißiger Jahren, wie er sich noch Mitte der Fünfziger in Leipzig präsentierte.

Skoda 706 R Haubenwagen aus dem Beginn der fünfziger Jahre als Spül- und Sprengwagen

Sprengwagen auf tschechischem Skoda 706 RTK

Dreiachsiger MAN S 6 H aus den dreißiger Jahren als Kanalspülwagen. Die notwendigen Schläuche werden im Anhänger mitgeführt.

schine darstellte. Die Kommunalaufbauten stammten allesamt vom VEB Spezifa (Ost-)Berlin.

Für Reinigungsaufgaben im Stadtzentrum und in den Fußgängerbereichen setzte man vor allem auf importierte Kombi-Kleinkehrmaschinen des Unternehmens Schörling aus Hannover: Hier stellvertretend zu sehen die Schörling MTTV (die Wagen Nr. 31 und 41), inzwischen u.a. von Bucher-Schörling-Kleinkehrmaschinen mit Knicklenkung abgelöst. Der Multicar M 25 mit Druckspülaufbau war dort anzutreffen, wo es galt, hartnäckige Verschmutzungen auf relativ kleinem Raum zu beseitigen. Auch bei der Müllbeseitigung waren die variantenreichen Kleintransporter aus dem thüringischen Waltershausen unverzichtbar. Dank einer auf der Beifahrerseite eines Multicar M 25 PSB (Wagen Nr. 115) angebrachten Hub-Kippvorrichtung konnte in den achtziger Jahren die Entleerung von innerstädtischen Blechpapierkörben rationalisiert werden. Abgerundet wurde der Kleinfahrzeugbestand der Leipziger Stadtreinigung ferner von Multicar-Streuwagen für den Winterdienst, die auch zur Ölspurentfernung eingesetzt wurden (Wagen Nr. 105).

Kehrmaschine mit Sprengwassertank montiert an einen akkumulatorbatteriegetriebenen Vorspannwagen. Der Einheits-Vorspannwagen, wie er in den zwanziger und dreißiger Jahren von Elite und Muchow angeboten wird, verfügt durch Drehschemellenkung und „Frontantrieb" über eine fast unbegrenzte Manövrierfähigkeit.

Das früheste Beispiel für die mechanisierte Straßenreinigung in Leipzig: Kehrwalze für Pferdebetrieb (um 1920)

Als Sonderfahrzeuge standen der Leipziger Stadtreinigung bis 1989 u.a. der in Schönebeck hergestellte und inzwischen auch in den ostdeutschen Bundesländern nur noch selten anzutreffende Universaltraktor ZT 303, die leichte rumänische Planierraupe S 651 und die schwere russische Planierraupe T 1000 sowie Schneeräumgerät aus russischer Produktion zur Verfügung. Zu den Spezialfahrzeugen für den Winterdienst gehörte eine Schneefräse mit ZIL 157 als Schubfahrzeug sowie ein Schneelader, dessen auf rotierenden Scheiben exzentrisch angebrachte Schaufeln den Schnee mit quasi krebsartigen Bewegungen

Mercedes-Benz Kehrmaschine aus dem Ende der zwanziger Jahre. Trotz Aufnahmedatum Mitte fünfziger Jahre besitzt das Fahrzeug noch Winker statt Blinkern.

Kein motorisierter Hexenbesen, sondern eine Dreirad-Kehrmaschine aus dem Hause Krupp

Auch das gab es in Leipzig: FAUN AK 3 Dreirad-Kehrmaschine

auf ein Förderband und von dort auf dahinter stehende Fahrzeuge transportierten. In den Sonderfahrzeugbereich gehörten auch mobile Bedürfnisanstalten, die bei städtischen Großveranstaltungen und Festen eingesetzt wurden. Die Anhänger waren ursprünglich Aufenthaltswagen für Baubrigaden, die man nachträglich zu fahrenden Toiletten umgestaltete.

Seltener West-Import: Streicher Kehrmaschine Typ Cannstatt

Steyr-Kommunalfahrzeuge

Ein eigenständiges und sehr spannendes Kapitel in der langen Geschichte der Stadtreinigung Leipzig bilden die Lastwagen der traditionsreichen österreichischen Marke Steyr. Kommunalfahrzeuge westeuropäischer Herkunft waren in der stets devisenschwachen DDR die große Ausnahme. Dank seiner bedeutenden Messe – die für die nicht reiseberechtigten DDR-Bürger das Schaufenster in die westliche Welt war – kam Leipzig in den Genuss, sukzessive Müllfahrzeuge des österreichischen Herstellers zu erhalten. (Ferner fanden Steyr als schwere dreiachsige Sattelzugmaschinen für den Langholztransport und als Kippmastkräne in der DDR-Forstwirtschaft Verwendung und – mindestens in einem Fall – als zweiachsiges Kofferfahrzeug bei Deutrans, das auch auf der Leipziger Messe zu sehen war.)

Kehrmaschine auf dem in Werdau hergestellten S 4000

Selbstaufnehmende Kehrmaschine auf Basis des S 4000 vor dem Leipziger Opernhaus etwa 1960

Die Zusammenarbeit zwischen der späteren Steyr-Daimler-Puch AG und der Leipziger Stadtwirtschaft begann 1968 mit der Indienststellung des ersten Steyr-Kommunalfahrzeugs. Eine Ko-

IFA W 50 Kehrmaschine mit Schneepflug-Frontanbauplatte vor dem Leipziger Neuen Rathaus

Der Volksmund weiß es „Neue Besen kehren gut". Hier lässt die fabrikneue Kehrmaschine KM 2301 mit IFA W 50-Technik ihre Tellerbesen auf Leipzigs Straßen kreisen.

operation, deren 25-jähriges Jubiläum man ohne den Umweg staatlicher Behörden feiern konnte: Am 30. September 1993 stellte man Steyr-Lkw dekorativ vor der Kulisse des Völkerschlachtdenkmals auf, um an den ein Vierteljahrhundert zurückliegenden Beginn der österreichisch-ostdeutschen Kooperation zu erinnern. (Fotografien der Feierlichkeit sind in der Leipziger Zentralwerkstatt zu sehen.) So etablierte sich in den neunziger Jahren an

Ein Spezialfahrzeug für die Zeit, wenn es „Väterchen Frost" auch in Leipzig zu gut meinte: sowjetische Schneefräse auf ZIL 157

Auch dies ein „Spezialfahrzeug" aus dem frühen Leipziger Bestand: eine mobile Bedürfnisanstalt, die bei Großveranstaltungen zum Einsatz kam.

Schwere sowjetische Planierraupe T 100, die u.a. auf Hausmülldeponien eingesetzt wurde.

Auch das gehörte dazumal zum Fuhrpark der Leipziger Stadtreinigung: der in Schönebeck/Elbe hergestellte Traktor ZT 303-D.

Kleinkehrmaschine von Schörling in Aktion auf dem ehemaligen Karl-Marx- und heutigen Augustusplatz (im Hintergrund das Rektoratsgebäude der Universität)

Multicar (Wagen Nr. 105) als reines Streufahrzeug, das im Winterdienst und zur Ölspurentfernung, z.B. nach Unfällen eingesetzt wurde.

Die guten Kontakte zwischen der Stadtreinigung Leipzig und Steyr wurden auch auf der Leipziger Messe gepflegt. Hier der Steyr-Stand während der Herbstmesse 1978

der Pleiße eine hierzulande einzigartige Flotte, mögen Kommunalfahrzeuge auf Basis von MAN und Mercedes auch zahlenmäßig überwiegen.

Derzeit verfügt die Stadtreinigung Leipzig noch über 35 Steyr-Kommunalfahrzeuge. Eine der frühesten Aufnahmen zeigt einen fotogen aufgestellten Steyr für die Entleerung von Müllgroßbehältern in der Leipziger Innenstadt. Charakteristisch ist, dass dieses Fahrzeug mit Rotopress-Aufbau von MUT Stockerau (Österreich) und der Nr. 263 über ein weißes Fahrerhaus verfügte. Alle späteren Steyr hatten einheitlich rote Fahrgestelle sowie orangefarbene Fahrerhäuser und Aufbauten. Die 19 S 25-Müllfahrzeuge sind auch in Leipzig selten geworden und inzwischen weitgehend durch MAN und Mercedes ersetzt. Doch auch die neuere Steyr-Generation ist mit Müllfahrzeugen präsent: Wagen Nr. 259 z.B., ein 18 S 23, trägt ebenfalls einen Aufbau von MUT. Eine Seltenheit sind die Steyr 19 S 25 mit Zweikammer-Aufbauten zum Sammeln von Glas. Diese sind, neben den Müllfahrzeugen, die einzigen Lkw, die ohne Schneepflugvorsatz gefahren werden. Eine echte Rarität, die jedem Lkw-Liebhaber das Herz höher schlagen lässt, ist in der nicht eben kleinen Leipziger Steyr-Flotte der zweiachsige und seinerzeit nach den Maßgaben der Leipziger gefertigte Abschleppwagen (Aufbau von Empl, Österreich) auf Basis des 19 S 25 (Baujahr 1991). Auch schwere Steyr aus den frühen neunziger Jahren rollen noch durch Leipzig: Neben 32 S 32 (Wagen Nr. 570), auch mehrere 25 S 32 (vom großen Bruder durch die einfach bereifte Nachlaufachse zu unterscheiden); beide Typen transportieren Abrollcontainer.

Keinen Tag zu früh kam der Autor dieser Zeilen auf den erst im Mai 2001 seiner Bestimmung übergebenen Betriebshof der Stadtreinigung in der Geithainer Straße, um einen im August 2002 ausgemusterten Steyr 19 S 25 mit Knierim-Pritschenaufbau, Dautel-Ladebordwand und obligatorischer Schneepflughalterung (Nr. 218) zu dokumentieren. Wie von Eberhard Schneider, dem Leiter der Zentralwerkstatt, zu erfahren war, hat dieses Fahrzeug inzwischen sein zweites Leben in Ungarn angetreten. Der Lastwagen-Fan sieht es mit einem weinenden und einem lachenden Auge: Weinend, weil dieser schöne und seltene Steyr von den Leipziger Straßen verschwunden ist; lachend, weil der 19 S 25 sicher noch viele Jahre bei den ungarischen Kollegen im Einsatz sein wird. Ein Fahrzeug desselben Typs (Wagen Nr. 403, aber mit Empl- statt mit Knierim-Aufbau!) ist in Leipzig noch unterwegs,

Frühes Beispiel eines Steyr Müllfahrzeugs mit MUT-Aufbau in Leipzig. Wagen Nr. 263 hatte noch ein weißes Fahrerhaus.

Da schau her: zwischen all die MAN, Mercedes und Steyr hat sich nunmehr auch ein Iveco gemogelt. Im Vordergrund ein lärmarmer Steyr 25 S 32 als Hakenabrollkipper in 6x2-Ausführung.

um im Stadtgebiet Hausmülltonnen auszufahren. Die jüngsten Vertreter in der Riege von Steyr-Fahrzeugen sind jene Lastwagen, die – bedingt durch die 85-prozentige Übernahme der Steyr Nutzfahrzeuge AG durch MAN 1990 – in der zweiten Hälfte der neunziger Jahre angeschafft wurden und im Großen und Ganzen MAN-Zwillinge sind. Dazu zählen Steyr 18 S 23 mit Meiller-Frank-Aufbauten für Absetzcontainer, Steyr 15 S 18-Kehrmaschinen sowie der Steyr 18 S 26 mit Pritsche, Ladebordwand und Ladekran (Wagen Nr. 402), die durch entsprechende Vorbauten und Dachbügel (mit Nummernschild, Rundumleuchten und Zusatzscheinwerfern) für den Schneeräumdienst geeignet sind.

Leider seit Sommer 2002 ausgemustert und ausgewandert: Der Leipziger Steyr 19 S 25 mit Knierim-Aufbau und Dautel-Ladebordwand fährt jetzt in Osteuropa.

Feierabend: Die erste Schicht endet in Leipzig um 14.30 Uhr. Während die Mitarbeiter nach Hause gehen, warten die Steyr 15 S 18 Kehrmaschinen auf die Spätschicht.

Immer wieder schön anzusehen: schwerer dreiachsiger Steyr 32 S 32 mit Abrollcontainer auf dem Betriebshof im Norden Leipzigs.

Die große Zeit von Steyr-Kommunalfahrzeugen neigt sich wohl auch in Leipzig langsam aber sicher dem Ende entgegen. Noch ist die Stadtreinigung mit ihren 35 Steyr-Lastwagen aber unangefochtener Spitzenreiter in der Bundesrepublik. Danach folgt die Stadtwirtschaft Berlin, die gegenwärtig rund ein Dutzend Steyr-Müllfahrzeuge unterhält. Wie auch immer sich der Fahrzeugbestand in Leipzig künftig entwickeln mag, Steyr wird wohl ein bald abgeschlossenes Kapitel sein. Durch das Gespräch sensibilisiert, überlegte Lutz Jäger, Abteilungsleiter Technik der Stadtreinigung Leipzig, Lehrlinge des Kfz-Handwerks vielleicht im Rahmen ihrer Ausbildung in der Werkstatt der Stadtreinigung einen Steyr-Lastwagen aufarbeiten zu lassen und als Schaustück dauerhaft zu bewahren. Wenn es so käme, wäre die Geschichte von Steyr-Kommunalfahrzeugen in Leipzig symbolisch gerettet. Auch das wäre, über das Aufgabengebiet der Leipziger „Müllkutscher" hinaus, eine wirklich saubere Sache.

Die historischen Aufnahmen stellten die Stadtreinigung Leipzig und das Archiv Regenberg zur Verfügung; die Bilder vom Steyr-Stand auf der Leipziger Herbstmesse 1978 werden mit freundlicher Genehmigung der Leipziger Messe GmbH veröffentlicht. Die aktuellen Fotos stammen vom Autor.

In Leipzig ein Einzelstück und auch sonst eine echte Rarität: Steyr 19 S 25 mit Abschlepp-Sonderaufbau des österreichischen Herstellers Empl.

Der lange Weg von Teheran nach Hamburg

Von Joachim Hennig

Wer in Hamburg die Speicherstadt besucht, sieht oft ungewöhnliche Fahrzeuge – mit großdimensionierten Reifen, mit voluminösen Tanks und Zusatztanks und Marken und Typen, die zumindest in Deutschland nicht üblich sind, wie Mack oder International. Die Sattelzugmaschinen sind in der Regel dreiachsig, mit Antrieb auf beiden Hinterachsen. Es sind Fernverkehrswagen aus dem Iran, die schon eine riesige strapazenreiche Strecke hinter sich haben und dieselbe Strecke nochmals wieder vor sich.

Ausgangspunkt der weiten Reise, die in den achtziger und neunziger Jahren noch mindestens 30 Tage dauerte, ist die iranische Hauptstadt Teheran. Hier werden die Fahrzeuge technisch gewartet und abgefertigt. Als Faustregel – so haben mir die Fahrer gesagt – galt die Formel: Zehn Tage für die Strecke Teheran – Hamburg, zehn Tage Entladen und Warten auf die Rückladung und nochmals zehn Tage Rückfahrt in die Heimat.

Bis zum Krieg in Jugoslawien führte die Route vom Iran über die Türkei, durch Bulgarien und Jugoslawien – dort auf der berühmt-berüchtigten „Todesstrecke" des Autoput bis nach Österreich und Deutschland. Nach Ausbruch des Krieges wurde die Alternativstrecke durch Armenien, Georgien, die Ukraine und dann über Polen nach Deutschland hinein gewählt. Die Fahrer, die die neue Route nehmen müssen, erzählen von Problemen in den GUS-Staaten, von Problemen mit Überfällen und mit Kontrollen durch die dortige Polizei. Wenn möglich wird daher mit mehreren Fahrzeugen im Konvoi gefahren und bei Dunkelheit auf freier Strecke auf keinen Fall angehalten. Später fuhr man vom Iran über die Türkei nach Griechenland und dann mit der Fähre nach Süditalien, von dort über Österreich nach Deutschland. Diese Route wird auch heute noch vorwiegend genutzt. Die dreißig Tage, die in den achtziger und neunziger Jahren unbedingt notwendig waren, haben sich glückli-

Mercedes LS 2628 mit Klimaanlage auf dem Fahrerhausdach im Januar 1997

Mercedes 2632 der „Neuen Generation" in 6x4-Version

cherweise verkürzt. Dennoch gehören lange Wartezeiten, vor allem an der Grenze Türkei-Iran noch immer zur Tagesordnung. Transportiert werden hauptsächlich Teppiche und Nüsse aus dem Iran sowie Maschinenteile und Halb- und Fertigzeuge aus Deutschland.

In den achtziger und neunziger Jahren fuhren iranische Speditionen meist Sattelzugmaschinen in 6x4-Konfiguration. Viele Jahre waren Volvo F 10/F12 und Scania R 112/R113 weit verbreitet, wobei die Volvo-Modelle direkt im Iran bei der Firma Kaveh montiert wurden. Eine Zeit lang waren auch die Haubenwagentypen N 10 und N12 von Volvo verstärkt im Einsatz, jeweils ausgerüstet mit langen Fernverkehrskabinen. Weniger häufig waren hingegen die Haubenfahrzeuge von Scania, die Baureihen T 112 und T 113, zu sehen. Ab und zu kam auch ein Mercedes bis nach Hamburg, meist Modelle der „Neuen Generation" der Typen 2232-2635. Als Rarität gab es LP 1632 mit kubischer Frontlenkerkabine und Haubenwagen der Serie LS 2628 zu sehen. Ebenso rar waren die Marken DAF mit den Typen 2800 und 3300 Ati und der französische Hersteller Berliet mit dem TR 280. In den neunziger Jahren wurden dann auch Iveco TurboTech und später EuroTech eingesetzt. Die letzteren sollen auch im Iran montiert worden sein.

Die Fahrzeuge wurden im Iran den erhöhten Anforderungen des Langstreckeneinsatzes entsprechend umgerüstet. Größere Tanks – teilweise mit bis zu 2000 Litern Inhalt – wurden montiert und großdimensionierte Reifen auf Trilexfelgen aufgezogen. Als Auflieger wurden zweiachsige Pritschenwagen gefahren, in der Regel hergestellt von Trail Iran, vereinzelt auch gebrauchte, aus Westeuropa importierte Einheiten.

Französische Berliet wie dieser TR 280 waren äußerst selten bei iranischen Speditionen anzutreffen

Als Gegenstück zu den europäischen Fahrzeugen gab und gibt es große Mengen an Lastwagen von US-amerikanischen Herstellern, und dies, obwohl viele Jahre lang von der Regierung der Vereinigten Staaten ein Handelsembargo für

Lieferungen amerikanischer Güter an den Iran verhängt war. Am weitesten verbreitet waren Fahrzeuge der Marken Mack und (International Harvester). Bevorzugtes Modell waren die Frontlenker der Mack-Baureihe F 700 und Ultraliner. Weniger häufig waren die Haubenwagen der Baureihen R, Superliner und CH. International steuerte vor allem die Frontlenker-Modelle aus den Reihen Transtar Eagle, 9600 und 9700 bei. Sie wurden in der Regel gebraucht aus den USA importiert. Eine absolute Rarität ist der Haubenwagen Paystar 5000, der in seinem Heimatland üblicherweise auf Baustellen zu finden ist oder als Abschleppwagen dient. Ungewohnt erscheint dabei der integrierte Sleeper an der langen Kabine.

Volvo N 1020 mit nur einer Hinterachse sind sehr selten bei iranischen Speditionen

Ein echter Exot ist der Frontlenker CCC Centurion. Dieser US-amerikanische Hersteller ist normalerweise auf Kranfahrgestelle (CCC bedeutet Crane Carrier Corp.) und Kommunalfahrzeuge spezialisiert. Eine Fernverkehrsausführung mit langer Frontlenkerkabine, wie sie bei iranischen Speditionen eingesetzt ist,

Mercedes LPS 1632 mit hoch gezogenen Auspuffrohren, noch 1994 im Einsatz

Älterer Volvo F 89, 1996 in Hamburg fotografiert. Das Typschild und der Spoiler stammen von einem neueren F 12-Modell.

gibt es in den USA überhaupt nicht. Ebenso selten im Fernverkehrseinsatz iranischer Speditionen anzutreffen waren Brockway Haubenwagen. Diese ehemals eigenständige Firma ging später in den Armen der Schwesterfirma Mack auf. Auch White, die heutige Volvo-US-Tochter, ist mit Frontlenkern der Typen Road Commander und Haubenfahrzeugen aus der Western-Star-Serie vertreten, allerdings nicht allzu häufig. Kombiniert sind diese Zugmaschinen manchmal auch mit US-amerikanischen Aufliegertypen wie z.B. Strick, Trailmobile und Great Dane, die gebraucht aus den Vereinigten Staaten importiert wurden.

Etwa 2000/2001 vollzog sich ein Wandel bei der Wahl der Fahrzeuge. Die massigen Dreiachs-Zugmaschinen wurden ersetzt durch zweiachsige Volvo FH 12 mit 420-460 PS. Auch die Auflieger änderten sich. Heute werden scheibengebremste 13,6 m-Einheiten mit Pritsche und Plane oder in Schiebeplanenausführung gefahren. Hergestellt werden diese Auflieger direkt im Iran entweder durch die heimische Firma Trail Iran oder durch Firmen, an denen Schmitz Cargobull bzw. Kögel beteiligt sind. Im Mai und Juni 1994 zählte ich in Hamburg auf dem Lohseplatz und in der angrenzenden Speicherstadt etwa 150 iranische Fernverkehrsfahrzeuge. Ladung aus dem Iran gab es nach Aussagen der Fahrer genug, jedoch keine Rückladung aus Deutschland. Zu dieser Zeit verließen täglich ca. 500 Fernverkehrs-Lkw iranischer Speditionen den Iran mit Destinationen in Europa, mit Zielen in Italien, Frankreich, Belgien, den Niederlande, England und Deutschland, vereinzelt auch in Richtung Dänemark und Schweden. Wenn man diese Zahl hochrechnet mit der Faustformel, dass für eine Rundtour 30 Tage benötigt wurden, hielten sich jeweils etwa 15 000 iranische Lkw irgendwo außerhalb ihres Heimatlandes auf Fernverkehrsstrecken auf.

Bei den in Hamburg ansässigen iranischen Speditionen wurde stets genau darauf geachtet, dass die

Scania T 112 H, ein bei iranischen Speditionen selten vorkommender Typ.

Volvo N 12 mit Schlafkabine. Er stammt aus der zweiten Generation der N-Haubenwagen, erkennbar an den rechteckigen Scheinwerfern und dem geänderten Grill.

Volvo F 12 mit Schwanenhalsauflieger

Der Fahrer dieses Volvo F 88 bereitet zum Zeitpunkt der Aufnahme im April 1994 gerade sein Mittagessen zu.

Fahrzeuge technisch in Ordnung waren. Man wollte bei Kontrollen zeitaufwändige Probleme mit den deutschen Behörden vermeiden. Kleinere Reparaturen und Austausch defekter Reifen wurden in Hamburg erledigt.

Ich selbst fotografiere Lkw aus dem Iran seit 1990. Meistens war ich zweimal in der Woche an den interessantesten Plätzen. Die Fahrer waren immer freundlich. Oft boten sie mir Kaffee, Tee oder Nüsse an. In den ganzen Jahren ist mir kein Fahrzeug in schlechtem technischen Zustand aufgefallen, wie es bei einigen Ostblock-Fahrzeugen der Fall war.

Die Zeiten, in denen man „exotische" Fahrzeuge aus dem Iran in Hamburg beobachten konnte, gehen allmählich zuende. Mack F-Modelle sind sehr selten geworden, ebenso die Haubenwagen N 10 /N 12 von Volvo. Auch wird der Lohseplatz in Hamburg im Zuge des Projekts Hafen-City demnächst für die Bebauung genutzt. Alle Fotos dieses Artikels entstanden auf dem Lohseplatz in Hamburg und sind vom Autor selbst aufgenommen.

Ein paar Worte zum Autor dieses Artikels – oder: Wie das Interesse an Lkws entstand.

Geboren im Januar 1952 in Hamburg wurden meine ersten $4^{1}/_{2}$ Lebensjahre im Stadtteil Barmbeck verbracht. Dann erfolgte im Sommer 1956 der Umzug in den Hamburger Stadtteil Rothenburgsort in die Billstraße. Direkt neben der Wohnung war die Einfahrt zur Bundesbahn, die hier die Ladungsverteilstelle für die Lkws „Im Auftrag der DB" hatte. Ebenso hatte auch die Post ihre Verteilstelle auf dem Gelände. Nachmittags und abends waren immer 20–30 Lastwagen dort. Außerdem waren in der Billstraße viele Speditionen ansässig: Hans Pauw, Wahl & Co, Mönkemöller, Bursped, Herbert Flesche, Weichelt, Kurt Kluxen und andere. An der Ecke zum Heidkampsweg lag eine große Esso-Tankstelle und eine Spedition. Hier durfte ich im Alter von etwa 6 Jahren zum ersten Mal in einem Lkw sitzen. Das Fahrzeug war ein MAN Hauber F 8 der Nienburger Spedition Göllner. Da der Feihafen nicht weit von der Billstraße entfernt ist, wurde er von mir auch erkundet. Im Alter von $6^{1}/_{2}$ Jahren kam dann der Kontakt zu den Modell-Lkws von Wiking. Viele Jahre lang ging der größte Teil des Taschengeldes dafür weg. Zum Ende der Schulzeit hatte mein Interesse für Lastwagen nicht abgenommen und mit der Kamera, die ich zum Abschluss bekam, wurden die ersten Fotos gemacht. Es folgten Hunderte von Fotos und auch eine imposante Sammlung von Büchern, Zeitschriften und Prospekten zum Thema wurde angehäuft. Irgendwann Mitte 1998 erzählte mir ein Bekannter, dass in der Nähe von Braunschweig ein MAN-Büssing 16.320 UK Baujahr 1974 zu verkaufen sei. Beim sonntäglichen Kaffee im Kreise der Familie habe ich voller Freude meiner Frau davon erzählt. Die Reaktion war nur ungläubiges Staunen und die Frage, was ich denn damit wolle, und wo das Fahrzeug überhaupt stehen solle. Ich hatte keine Antwort auf ihre Fragen. Nach dem Ende des Kaffeetrinkens bin ich wieder zur Baustelle unseres Eigenheims gegangen, dachte kurz noch an den Kipper und habe dann weitergearbeitet. Am 24. Dezember 1998 sagte meine Frau zu mir, wir müssten unbedingt noch zur Baustelle unseres Hauses fahren. Meine Tochter sagte, dass Papa jetzt einen Laster bekommt, doch ich dachte an ein Modell. Bei der Ankunft am Haus stand auf der Straße ein blauer MAN. Ich dachte: Wer arbeitet denn am Heiligabend mittags noch am Bau? Doch dann sah mich meine Frau an und sagte nur: „Das ist dein Weihnachtsgeschenk." Ich war sprachlos. Neben diesem Original-Lastwagen umfasst meine Sammlung über 2000 Modelle, 65 Aktenordner mit Prospekten und Tausende von Lkw-Fotos. Kommt jetzt die Frage nach den Kosten der Sammlung, kann ich nur sagen: ich habe nie geraucht, sondern das Geld für das Hobby ausgegeben. Zum Schluss ein englischer Spruch: The difference between a man and a boy is the price of his toy.

Dieser bei iranischen Speditionen seltene Volvo FL 10 mit Kühlauflieger wurde komplett aus Belgien importiert.

Iveco EuroTech in besonders stabiler Ausführung für schwere Strecken, aufgenommen im Februar 2000

DAF 2800 mit groß dimensionierten Reifen und Spoiler von einem Scania im Jahre 1994. Während fast fünfzehnjährigen Fotografierens von iranischen Fahrzeugen sind mir nur zwei DAF begegnet.

Scania R 112 H in Heavy-Duty-Ausführung, aufgenommen 1998

White Western Star mit kurzer Nahverkehrskabine. Geschlafen hat der Fahrer auf dem Auflieger.

„Luxuriöser" White Western Star mit Schlafkabine und Klimaanlage. Die kantigen Kotflügel werden normalerweise nur für Baufahrzeuge verwendet.

White Road Commander, dessen Fahrer trotz des warmen Wetters im Mai 1994 noch den Kühlerschutz vor dem Grill zugeknöpft ließ.

CCC (=Crane Carrier Corp.), eine Firma, die in ihrem Heimatland USA nur für Spezialfahrgestelle wie Autokran-Untergestelle und Müllwagen bekannt ist, lieferte an iranische Speditionen eine Reihe von Fernverkehrswagen, die aus der Baureihe Centurion abgeleitet waren.

Mack R mit werksseitig gelieferter Schlafkabine. Der Spoiler stammt von Scania.

International Transtar CO mit Schlafkabine und Scania-Spoiler, aufgenommen im Januar 1994

Mack F 700 mit einem Kühlauflieger aus iranischer Produktion

International Paystar 5000 finden in der Regel nur als Fahrgestelle für Baufahrzeuge Verwendung. In fünfzehn Jahren habe ich nur ein einziges solches Modell gesehen. Die angebaute Schlafkabine soll nach Auskunft des Fahrers im Iran hergestellt sein. Zeitpunkt der Aufnahme ist der 1. Januar 1994.

Mack Ultraliner, der nach Aussagen des Fahrer als kompletter Zug aus einem Benelux-Land importiert wurde

45 Jahre Transportbetonmischer von Stetter

Vor den Toren der schwäbischen, damaligen Kreisstadt Memmingen, das heißt außerhalb der Stadtmauern, gründeten mutige Siedler etwa im 17. Jahrhundert die „Neue Welt". In dieser Siedlung erwarb Caspar Stetter, Spross eines alteingesessenen Memminger Handwerker- und Kaufmannsgeschlechts, 1850 ein landwirtschaftliches Anwesen mit angeschlossener Mühle. Eines der neun Kinder, Georg, der jüngste der vier Söhne, übernahm 1855 die Mühle. Georg Stetter (in der Firmenchronik Georg der I. genannt), der das Brauereihandwerk gelernt und in seinen Lehr- und Wanderjahren weit herumgekommen war, ließ die zum Grundstück gehörende Wiese mit einem Damm umgeben und unter Wasser setzen. Im Winter gefror die Wasserfläche bis zu 25 cm Tiefe. Der geschäftstüchtige Stetter schnitt das Eis in Blöcke und verkaufte es an die umliegenden Brauereien, Gastwirtschaften und Großmetzgereien. Da auch im Sommer ein Bedarf für Eis bestand, baute Stetter einen isolierten Eisstadel. Erst 1948 machte das aufkommende Kunsteis dem lukrativen Geschäft ein Ende.

Berühmt in der ganzen Umgebung wurde die Neue Welt zu Beginn des zwanzigsten Jahrhunderts. Georg Stetter nutzte die idyllische Lage mit Stadtbach und dem großen künstlichen Weiher – in der Mitte eine Insel, die nur mit dem Kahn erreicht werden konnte – und baute das „Vergnügungs-Etablissement Klein-Venedig". Als Attraktionen bot er das erste elektrische Klavier und eine elektrisch betriebene Schaukel. Den Strom für mehr als 1000 elektrische Glühbirnen erzeugte ein Generator in der Wasser-

Drei Henschel HS 22 an einer Horizontal-Beton-Mischanlage in Kall in der Eifel

mühle. Während des Ersten Weltkriegs reduzierte sich der Bedarf nach solchen Vergnügungen. Die Goldenen Jahre waren vorbei und Georg Stetter verkaufte die Anlage an die Stadt Memmingen.

Der Hof mit der Stammmühle wurde 1919 von Adolf Stetter übernommen und die Kunstmühle von seinem Bruder Otto. Der landwirtschaftliche Betrieb lastet jedoch Adolf Stetter nicht aus. Er macht sich Gedanken, was man mit der vorhandenen Wasserkraft und den Gebäuden herstellen könnte. Auf der Leipziger Messe kommt er in Kontakt mit einem Herrn Maucher, der ihm vorschlägt, Schubkarren und andere Baugeräte herzustellen. Dies ist der Beginn einer 1924 eingetragenen oHG zur Produktion einfacher Transportgeräte und Beschläge. Aus der kleinen Schlosserei entsteht in der Folgezeit eine angesehene Eisenwarenfabrik. Auch Sohn Georg (in der Chronologie der III. und auch letztes Familienmitglied in der Firma) erlernt den Beruf des Schlossers. Als Verwundeter kehrt er aus dem Krieg zurück. Die Dreikönigsmühle, an der Vater Adolf einen 25prozentigen Anteil hat, ist durch Bomben total zer-

Erster 3,5 cbm-Automischer, 1958 aufgebaut auf einem Magirus Saturn Allrad-Fahrgestell

5 cbm-Mischer AM 342 E von 1960 auf Magirus Allrad-Fahrgestell

Stetter Mischer auf FAUN L 106 von 1959 (Werkbild FAUN)

Stetter AM 320 für 3,5 cbm von 1961 mit zusätzlicher Achse an dem Krupp Mustang Fahrgestell

Stetter AMS 340 als Endlader-Typ auf FAUN-Fahrgestell

stört. Ein Freund des Hauses regt an, einfache Betonmischer zu bauen, die für den Wiederaufbau Deutschlands dringend benötigt werden. Georg Stetter ist begeistert von dem Vorschlag und überzeugt seinen Vater, die Produktion dieser Maschinen in der heimischen Werkstatt aufzunehmen. So trennt man sich von dem bisherigen Partner Maucher, der seine Schubkarrenproduktion in Benningen weiterführt.

Am 1. Juli 1948 meldet der damals 24jährige Georg Stetter seinen Handwerksbetrieb für die Herstellung von Baumaschinen und Baugeräten beim Memminger Gewerbeamt an. Zunächst muss der kleine Betrieb mit seinen vier Arbeitskräften die Währungsreform und die Materialknappheit meistern. Doch dann geht es rapide bergauf. Der selbst entwickelte 75 Liter-Betonmischer findet schnell Abnehmer. 1952 wird die Kapazität des Mischers auf 125 Liter vergrößert und Bauaufzüge mit ins Programm genommen. Mitte der fünfziger Jahre entstehen Freifallmischer verschiedenster Größen.

Bei Trommeln mit bis zu 375 l Fassungsvermögen ist es jedoch kaum noch möglich, die Einzelkomponenten des Betons per Hand mittels Schippe in die

3 cbm fassender AMS 330 E als Top-Endlader-Kombination von 1959

Henschel HS 12 mit 3,5 cbm-Mischer AM 324 von 1961

Öffnung zu befördern. So entwickelt Stetter mechanische Handschrapper-Anlagen, die die Materialien in einem Schürfkübel von den bereitliegenden Rohmaterial-Haufen heranzieht. In der Folge werden die Schrapper auch elektrisch gesteuert.

Noch sind die Betonmischer auf kleinrädrigen Fahreinheiten montiert, die ein Umsetzen auf der Baustelle ermöglichen, höchstens ein sehr

Mercedes 327 von 1961 mit Stetter AM 324 für 3,5 cbm

Goldhofer Auflieger mit 3 cbm-Automischer AMS 330 E

4 cbm-Mischer AMS 340 von 1958 sowohl auf dem Henschel HS 3-125 Motorwagen als auch auf dem Anhänger

langsames Schleppen hinter einem Zugfahrzeug. Doch Stetter schwebt vor, die Prinzipien des Freifallmischers weiter auszubauen, eine solche Anlage auf ein Lastwagenfahrgestell zu montieren und sie so flexibler einsetzbar zu machen.

Auf den Baustellen des vom Kriege zerstörten Deutschland ist zunächst noch Platz genug, um eine aufwändige platzgreifende Logistik aufzubauen, mit meterlangen Laufbändern, die Mauertrümmer in Shredderanlagen fördern und dort in groben Sand zermahlen, mit riesigen aufgekippten Kegeln von Kies und Sand, mit großflächigen Kalkwannen, dazwischen eventuell sogar eine kleine Lorenbahn als betriebsinternes Transportmittel. Doch mit zunehmendem Wiederaufbau wird der Platz enger, die Materiallagerung immer komplizierter. So besinnt man sich einer Idee, die bereits 1872 in England entwickelt wurde, die Methode „Transportbeton". Doch bei diesem System war oft bereits beim Transport der Beton

Stetter Automischer AM 335 3,5 cbm von 1966 auf österreichischem Saurer Diesel

Henschel HS 16 TBM von 1962 mit Stetter AM 321 3,5 cbm-Mischer

Stetter 5,5 cbm-Mischer auf Magirus Saturn 150 6x4 (Archiv Strähle)

schon abgebunden oder wurde durch die Erschütterungen auf schlechter Wegstrecke entmischt, bevor er entleert werden konnte. Schon 1929 wurden erste Mischeraufbauten entwickelt, doch erst in den vierziger Jahren zunächst in den USA populär. In Deutschland nahmen die ersten Fertigbetonwerke erst 1954 in Köln und Stuttgart ihren Betrieb auf.

Während Konkurrenzfirmen wie IBAG in Neustadt schwere Mischerkonstruktionen auf entsprechend schwere Fahrgestelle setzen, experimentiert Stetter 1956/57 mit ersten Prototypen, die durch geringeres Eigengewicht auf leichtere Fahrgestelle montiert werden können. Auf der Hannover Messe 1958 stellen die Memminger den ersten Automischer auf einem zweiachsigen Magirus-Fahrgestell einer erstaunten Öffentlichkeit vor. Ende 1958 beginnt schon die Serienproduktion des neuen Fahrzeugmodells. Der Gesetzgeber beschränkt allerdings die weitere Entwicklung: maximal 3,5 cbm Beton sind auf einem zweiachsigen Fahrgestell zugelassen. So geht die Entwicklung für größere Kapazitäten nur über den Umweg von Sattelschlepper-Konstruktionen.

3,5 cbm-Automischer AM 327 von 1969 auf DAF-Fahrgestell

Die notwendigen Füllstationen für Automischer bietet Stetter ebenfalls aus eigenem Hause. Noch verläuft der Transport von Beton zweigleisig. Einige Werke verwenden nur noch Fahrzeuge mit aufgebauten Mischtrommeln, die das eingegebene Material zubereiten und während der Fahrt umwälzen. Andere mischen den Beton im Werk vor und lassen das fertige Produkt in Transportmulden zur Baustelle bringen. Diese Mischung muss allerdings 45 Minuten nach der Wasserzugabe in der Verschalung sein. Für beide Bedürfnisse hat Stetter zu Beginn der sechziger Jahre entsprechende Fahrzeuge im Programm.

„Beton ist eine Art Kunststein, in dem natürliche Zuschlagstoffe durch einen aus Zement und Wasser bestehenden Leim dauerhaft und mit großer Festigkeit verkittet sind." (Hanomag-Henschel Transportbeton-Mischer-Handbuch) Allerdings verlangt jede Baustelle, die vom Mischer angefahren wird, eine unterschiedliche Rezeptur, je nach Statik des Gebäudes oder seiner Teile.

FAUN L 910-40 V 8x4 (Werkbild FAUN)

Als 1960/61 die unsinnigen Beschränkungen der Maße und Gewichte fallen, bieten die Fahrgestellhersteller auch dreiachsige Unterkonstruktionen, die nun auch für Volumen von 5,5 bis 6 cbm genutzt werden können. Stetter passt sich der neuen Situation sofort an, entwickelt größere Trommeln und stellt erste Versuche mit Hydraulikmotoren zum Mischerantrieb an. 1966 ist die Mitarbeiterzahl in den Werken Memmingen, Amendingen und Mindelheim auf annähernd 1000 gestiegen. Der Transportbetonmarkt expandiert aber stetig. So entscheidet man sich bei Stetter zum fabrikatorischen Befreiungsschlag. „Auf der grünen Wiese" – heute umgeben von einem florierenden Industrie- und Gewerbegebiet in der Nähe des Memminger Autobahnkreuzes – entsteht das Werk II, zu diesem Zeitpunkt das größte Automischerwerk in Europa.

Zur BAUMA 1967 erweitert Stetter die Angebotspalette um einen 10 cbm fassenden Automischer, der auf einen Sattelauflieger montiert ist. Mischtrommel,

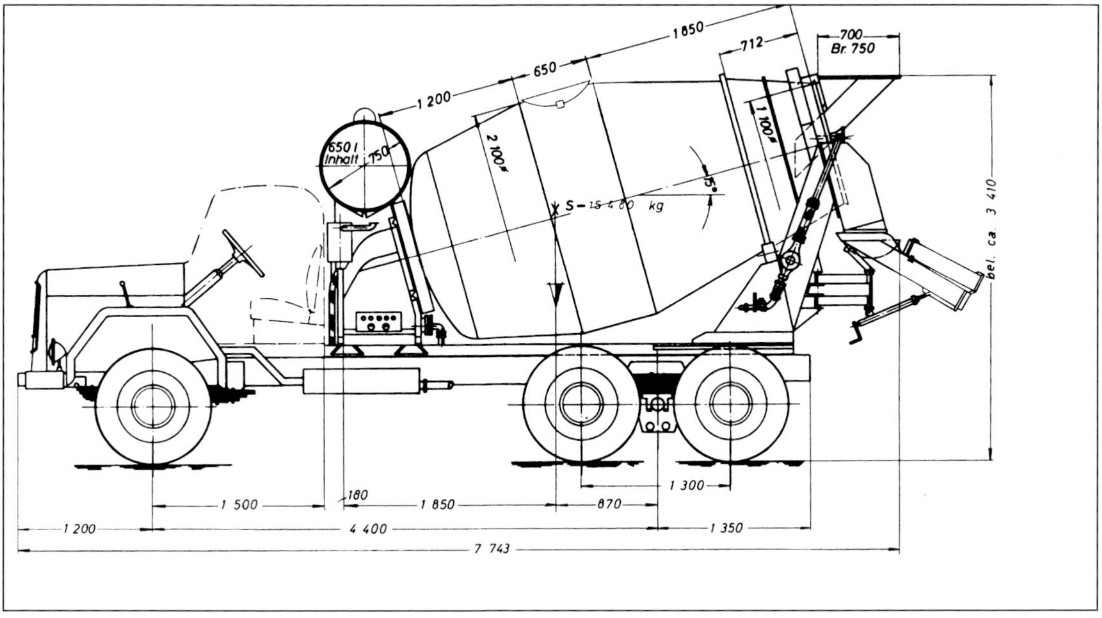

Maßzeichnung des AM 5,5 aufgebaut auf Magirus Saturn 150 D 22 B 6x4

Frischbeton-Mulde TKM 40
auf Henschel HS 12 von 1962

Mulde TKM 30 von 1961
auf DAF

MAN 1580 DF-TM von 1965 (Werkbild MAN)

MAN 735 H-TM

hydraulische Einheit mit Pumpe und am Getriebe angeflanschtem Motor, Wassertank und der Vierzylinder-Dieselmotor sind auf einem Rahmen aufgesetzt, der den Auflieger bildet.

Der Transportkapazität der neuen Großmischer ist die baustelleninterne Transportlogistik bald nicht mehr gewachsen. Bis 10 cbm Inhalt mittels der herkömmlichen am Kran verfahrenen Transportbirnen in das Bauobjekt eingebracht sind, vergeht zuviel Zeit und Wartezeit kostet Geld. So entwickelt die Industrie Betonpumpen, die über einen Trichter im Heck das zähflüssige Gut über die Schurre des Mischers aufnehmen und mit Druckschläuchen direkt an den Bestimmungsort fördern. Durch eine knickbare Gelenkmastkonstruktion kann dies sogar über Hindernisse wie Mauern oder andere Gebäude hinweg geschehen. Die Stetter Betonpumpe setzt sich aus vier Elementen zusammen: 1. einem Trichter, in dem der Beton für das Pumpen noch homogenisiert werden kann, 2. der Pumpe, die den angesaugten Beton in die Förderleitung drückt, 3. einem Schieberelement, das Förderleitung, Pumpeinheit und Trichter verbindet und 4. einer elektro-hydraulischen Steuereinheit. Die Verteilermasten besitzen einen Aktionsradius von 360° und werden mit maximalen Höhen von 19, 22 oder 29 m geliefert. In diesem Angebotsbereich, der bereits von Konkurrenten wie Schwing aus Wanne-Eickel, dem späteren Partner, besetzt ist, betritt Stetter konstruktives Neuland, was zu extremen finanziellen Belastungen führt. Es gilt, die komplizierte Hydraulik der Gelenkarme für die raue Arbeit am Bau standfest zu machen. So werden u.a. die Pumpenarmkonstruktionen von Zulieferern bezogen wie Meiller aus München und Atlas-Weyhausen aus Delmenhorst. Insgesamt werden bei Stetter etwa 1200 Betonpumpen gebaut, davon viele nach Polen und Russland geliefert. Nach Übernahme von Stetter durch Schwing wird dieser Fertigungsbe-

MAN 1080 F-TM von 1965 (Werkbild MAN)

Krupp L 90 M 4 im Einsatz in Belgien (Archiv Bastin)

AM 3,5 Typ 324 von 1963 auf Mercedes 327

AM 3,5 Typ 335 auf Mercedes 1413

Krupp LF 360 von Transportbeton Elskes in Duisburg (Werkbild Krupp)

reich aufgegeben zugunsten des ehemaligen Konkurrenten.

Zu Beginn der siebziger Jahre verlagert sich der Schwerpunkt der Memminger Firma immer mehr zum hydraulisch betriebenen Automischer. Fast jeder zweite Automischer in Deutschland kommt aus dem Hause Stetter. Das Programm der stationären Baustellenmischer wird gestrafft. Die Produktion der Horizontal-, Vertikal- und Mobil-Mischanlagen wird standardisiert und auf Serienfertigung ausgerichtet. Zur BAUMA 1973 kommt als neuer Betätigungsbereich hinzu die Abteilung Bausystemtechnik, die Maschinen und Anlagen für die Fertigteil-Industrie produziert.

Die allgemeine Krise in der Bauindustrie und wohl auch finanzielle Überbeanspruchung durch aufwändige Neukonstruktionen führten dazu, dass die Firma Stetter 1982 durch den Konkurrenten Friedrich Wilhelm Schwing GmbH aus dem nordrhein-westfälischen Wanne-Eickel (heute Herne) übernommen wurde und nun als hundertprozentige Tochter zur Schwing-Gruppe gehört. Heute sind etwa 340 Mitarbeiter für Stetter tätig, die jährlich etwa 1200 Transportbetonmischer und 80 Mischanlagen fertigen. Der weitsichtige und oft geniale Konstrukteur und Kaufmann Georg Stetter musste sich voll aus der Firma zurückziehen. Er lebt als heute Achtzigjähriger noch in Memmingen und veröffentlichte stolz die Geschichte seiner Familie, als im Jahre 2000 u.a. auf dem Gelände der Urzelle seines Betriebes, in der Neuen Welt, die Landesgartenschau stattfand.

Von Anfang an legt Stetter bei seinen Automischern besonderen Wert auf günstige Schwerpunktlage und ein geringes Eigengewicht des Mischerauf-

Büssing Supercargo S Export (Werkbild Büssing)

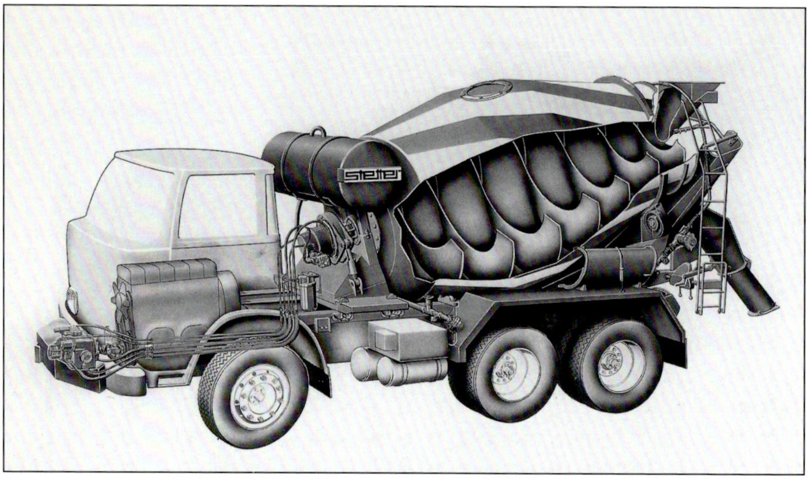

Schnittbild des AM 6 FH von 1969 mit hydraulischem Antrieb von der Stirnseite des Fahrzeugmotors

Während äußerlich die Mischertrommeln verschiedener Hersteller kaum zu unterscheiden sind, sind die Mischspiralen im Inneren unterschiedlich angeordnet. Das Stetter-System ist für einen schnellen, möglichst staubfreien Einzug des Materials und Entleerung in kürzester Zeit ausgelegt. Von Mischen auf Entleeren wird mit Druckknöpfen über eine elektrische Steuerung umgeschaltet. Zwischen

baus. Bei einem auf Magirus Saturn 150 aufgebauten 5,5 cbm-Mischer beträgt z.B. das Gewicht des Mischers nur 3100 kg bei einem gesetzlich zulässigen Gesamtgewicht von 22 t. 54 PS benötigt der Mischer, um die volle Ladung umwälzen zu können. Für das Agitieren während der Fahrt werden höchstens zehn PS benötigt. Da die Trommel nur zu 55-59% gefüllt ist, wird z.B. für den 5,5 cbm-Mischer ein geometrisches Volumen von 9259 l benötigt.

Henschel HS 22 TBM von Münchner Frischbeton

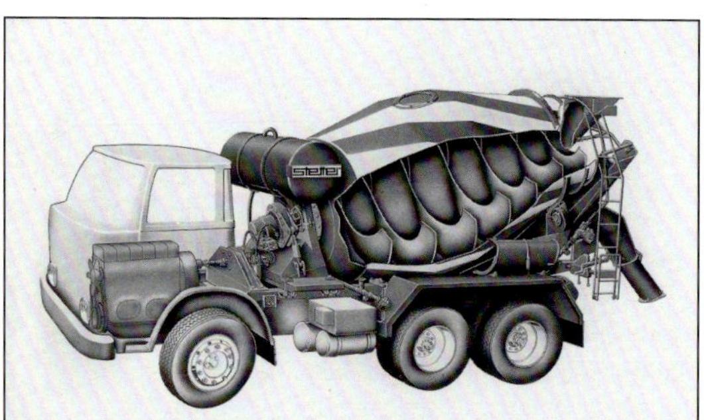

Schnittbild des AM 6 FH mit ZF-NMV 80 Nebenantrieb

Fahrerhaus und Trommel ist der Wassertank angeordnet, der nur Spülwasser für die entleerte Trommel enthält. Ein Verändern der Betonkonsistenz und „Pantschen" während der Fahrt ist ja nach der Betonnorm 1045 nicht zulässig.

Stetter Transportbetonmischer werden wahlweise mit separatem oder mit direktem Fahrzeugantrieb geliefert. Beim Separatantrieb (SH) ist ein robuster Dieselmotor zusätzlich hinter der Kabine installiert, in der Regel ein luftgekühlter Vier- oder Sechszylindermotor aus dem Hause Deutz. Er ist an das Getriebe-

Krupp SF 380 mit
Achtzylinder-Cummins-Motor

Henschel HS 3-125 TBM

(Archiv Dierking)

Henschel HS 22 Allrad an einer Vertikal-Mischanlage im Januar 1969

gehäuse des Aufbaus angeflanscht und überträgt die Kraft über ein Hydrogetriebe direkt auf die Mischtrommel. Beim FH-Antrieb ist der Fahrzeugmotor die Kraftquelle. Eine Doppel-Hydraulikpumpe liefert den Öldruck für den Hydraulik-Motor. Dieser ist ebenfalls am Planetengetriebe des Mischers angeflanscht. Der Antrieb der Mischertrommel über ein Hydrogetriebe bietet den Vorteil der stufenlosen und feinfühligen Einstellung der Trommeldrehzahl sowie ruckfreies Ändern der Drehrichtung der Trommel für Mischen und Entleeren. Stetter war einer der ersten, der die hydraulische Antriebstechnik beim Transportbetonmischer einführte.

Hanomag-Henschel F 221S 6x4 von Barthel-Beton

Die Firma Stetter handelte stets exportorientiert. Da in einzelnen Märkten die Einfuhrzölle das Produkt unverhältnismäßig verteuert oder nationale Gesetzgebungen aufwändige Änderungen verursacht hätten, gingen die Schwaben häufig Kooperationen mit Partnern in anderen Ländern ein, wobei teilweise komplette Aufbauten zu den Partnerfirmen gingen und dort auf einheimische Fahrgestelle montiert wurden, teilweise in ihre Komponenten zerlegte Aufbauten geliefert wurden oder manchmal auch komplette Lizenzen vergeben wurden, bei denen Stetter-Konstruktionen im Bestimmungsland gefertigt wurden. Eigene Auslandstöchter hatte Stetter in den siebziger Jahren in Frankreich mit dem Hauptbüro von Stetter France in Paris und einem Montagewerk in Straßburg, in Österreich mit einem Montagewerk in Wien und – als Umschlagplatz für

Hanomag-Henschel F 261 von 1969 mit Stetter AM 6 FH Typ 399

10 cbm-Mischer auf Hanomag-Henschel F 221 S mit 240 PS

Automischer AM 6 SM von 1969 auf Henschel F 261

Henschel HS 22 von 1966 mit Stetter AM 6,0 Typ 306

Hanomag-Henschel F 261 in der letzten Kabinenversion

Hanomag-Henschel F 261

Hanomag-Henschel F 261 S mit feststehender Kabine

Magirus und Henschel Automischer von Elskes Transportbeton Duisburg

den gesamten Mittleren Osten – im Libanon mit Verkaufsbüros und Kundendienstwerkstätten in Beirut. An Partnerfirmen in Russland, Spanien, Polen und Jugoslawien wurden Lizenzen für Eigenfertigungen vergeben. Nach dem Zusammenschluss mit Schwing ist Stetter weltweit im Netz der Schwing Gruppe vertreten. Nach Frankreich und in die Niederlande werden noch heute vorbereitete Baugruppen geliefert und vor Ort von den Partnern auf einheimische Fahrgestelle gesetzt und lackiert. So entstand 2003 das bislang größte Stetter Transportbetonmischer-Modell mit einem Fassungsvermögen von 15 cbm in den Niederlanden, das aufgrund der dort geltenden Gesetzgebung eine Straßenzulassung auf einem fünfachsigen GINAF-Fahrgestell bekam. In den USA versuchte Stetter in den achtziger Jahren mit einem Automischer auf den Markt zu kommen, der nach deutschen Kriterien gebaut war. Doch schnell erkannte man,

Magirus 230 D 22 mit 10 cbm-Auflieger von Inn-Beton

Magirus 230 D 22 von Georg Grube, Bremerhaven

dass die Anforderungen, die US-Bauunternehmer an ihre Fahrzeuge stellen, so nicht zu erfüllen waren. In jüngster Zeit entwickelt Stetter im Schwing-Verbund einen nach amerikanischen Bedingungen konzipierten Mischertyp.

Die internationale Kooperation geht in der Fertigung heute so weit, dass das Werk in Memmingen mehr oder weniger nur noch ein Montagestandort ist. Die Stahlkonstruktionen der Trommeln kommen heute aus einem Fertigungsbetrieb im russischen St. Petersburg, an den Stetter einen Anteil von 40% besitzt. Die Konstruktion wird als Komplettteil angeliefert, in Memmingen zerlegt und – zugeschnitten auf das individuelle Fahrgestellmodell – wieder aufgebaut. Zwischendurch, als die Konjunktur auf Hochtouren lief, kamen parallel die Stahlbauten entweder aus Russland, Deutschland oder Italien. Nach der Übernahme durch Schwing wurden zuerst die Kontakte nach Italien abgebrochen. Noch heute ist der italienische und nordafrikanische Raum für Stetter kaum erschließbar, da die ehemaligen Lizenz- und Fertigungspartner diesen Markt in Eigenregie bedienen. In Polen ist der Name Stetter stehender Begriff für Transportbetonmischer aller Marken, denn die bei Stalowa Wola entstandenen Mischer wurden unter dem schwäbischen Markennamen als „System Stetter" vermarktet.

Als neuesten Produktbereich hat Stetter Recycling-Anlagen für überschüssigen Transport-Beton ins Programm aufgenommen. So kann die Firmengruppe Schwing-Stetter heute stolz von sich behaupten: „Wenn's um Beton geht – alles aus einer Hand! Vom Mischen zum Transportieren und Pumpen bis hin zum Entsorgen."

Alle Fotos sind, soweit nicht anders vermerkt, Stetter-Werkfotos.

Magirus 256 D 26

Magirus Sattelzug
von Transportbeton Herten
beim Kühlturmbau im
Ruhrrevier

Magirus Dreiachser von
Neuland-Beton, Hamburg

MAN 19230 drückt seine Ladung über eine Betonpumpe direkt in die Schalung eines Brückenfundaments

MAN 19230 als interessante Kombination für den Hochgebirgseinsatz mit zusätzlichem Mischer auf dem Tandem-Anhänger

MAN 19230 DH-TM
von 1969 mit Stetter AM 6
SH Typ 397

10 cbm-Typ 310 von 1967 auf MAN 21.215 mit Allradantrieb in Frankreich

MAN 19.230 DF

Mercedes LPB 2224

Mercedes LPB 2224 6x4

Mercedes LS 2624

Mercedes LPB 2232 mit Zehnzylinder-Diesel

Mercedes LPS 2232

Betonpumpe BP 60 SV auf Mercedes LP 1313

Mercedes 2224 B
der Neuen Generation

Zwei Mercedes 2624 und ein LPS 2232 entladen über eine Betonpumpe auf Magirus-Fahrgestell

Betonpumpe BP 60 SK mit mehrfach geknicktem Arm auf Magirus-Fahrgestell

Betonpumpe BP 60 SV auf Mercedes 2626

Magirus 290 D 26 mit Pumpenarmkonstruktion vonAtlas-Weyhausen, Delmenhorst für den Export

Magirus 232 D 22 mit angebauter Betonpumpe übernimmt auch die Ladung eines MAN Mischers

Anbaupumpe an Hanomag-Henschel F 261

Einsatz von mehreren Stetter-Betonpumpen gleichzeitig, im Vordergrund auf Mercedes LK 1313

Von Stalowa Wola in Polen werden Mischer „System Stetter" gefertigt, hier ausgestellt am Bumar-Stand auf der Leipziger Messe 1978 in Kombination mit einem Jelcz 317 Zugfahrzeug

Exportmodell Magirus 126 D 15 B von 1965 mit Tropenausrüstung und Stetter Mischer AM 3,5 Typ 335

Magirus 150 D 14 im hohen Norden Norwegens

Luxemburgischer Magirus 232 D 26 mit vorn angeordneten Antrieb (Foto Regenberg)

Hanomag-Henschel F 261 in Island

Betonpumpe auf Berliet GLR 200

Berliet GLM mit Stetter AM 4,0 Typ 338

Saviem-MAN 19.215 in Frankreich

Stetter Mischer auf Berliet PM 6 am Triumphbogen in Paris

Französischer
UNIC Izoard 200

In Lizenz fertigt die spanische Firma Baryval die Stetter-Produkte, hier auf einem Pegaso 3060

Tatra 148 Allrad-Fahrgestell

Betonpumpe BP 60 SK auf Volvo 4751

Die kyrillische Schreibweise des Namens Stetter deutet darauf hin, dass diese Betonpume auf Skoda-Liaz (oder Madara) wohl nach Bulgarien ging.

Betonpumpe auf tschechischem Tatra 148 6x6

Betonpumpe auf Jelcz 315 für Polen

Aus Jugoslawien stammt das Fahrgestell der Betonpumpe BP 60 SV: ein FAP 15 B

Betonpumpe BP 60 SV auf Bedford KM

Stetter AM 6,0 Typ 360 auf Scania-Fahrgestell

Volvo L 485

Selten sind Stetter Automischer auf Scania LB-Frontlenker-Fahrgestellen

Scania-Vabis 76 Super
in Island

Volvo N 88 in Schweden

Weitere empfehlenswerte Lastwagenbücher des Podszun-Verlags

Fordern Sie kostenlos und völlig unverbindlich unseren neuen Prospekt an mit Büchern über:

- Lastwagen
- Motorräder
- Autos
- Lokomotiven
- Traktoren
- Feuerwehrfahrzeuge
- Baumaschinen

Podszun Verlag GmbH
Postfach 1525, D-59918 Brilon
verlag.podszun@t-online.de
Fax 02961 / 9639900

144 Seiten, 320 Abb. in Farbe
22 x 28 cm, fester Einband
EUR 19,90

240 Seiten, 420 Abb. s/w
22 x 28 cm, fester Einband
EUR 44,90

240 Seiten, 420 Abb. s/w
22 x 28 cm, fester Einband
EUR 44,90

144 Seiten, 270 Abb. in Farbe
und s/w, Leinenbroschur
24 x 17 cm, EUR 14,90

144 Seiten, viele Abb. in Farbe
und s/w, fester Einband
22 x 28 cm, EUR 19,90

192 Seiten, 490 Abb. in Farbe
und s/w, fester Einband
22 x 28 cm, EUR 34,90

134 Seiten, 310 Abb. in Farbe
und s/w, fester Einband
22 x 28 cm, EUR 24,90

208 Seiten, viele Abb. in Farbe
fester Einband
22 x 28 cm, EUR 34,90

144 Seiten, 240 Abb. in Farbe
und s/w, fester Einband
22 x 28 cm, EUR 24,90

144 Seiten, 330 Abb. in Farbe
und s/w, fester Einband
22 x 28 cm, EUR 24,90

156 Seiten, 250 Abb. Farbe,
fester Einband
22 x 28 cm, EUR 24,90

M·A·N
61
BETONLIEFERUNGS-